入門！
Excel VBA
クイックリファレンス
［改訂版］

工藤 喜美枝 著

ムイスリ出版

はじめに

　ExcelVBA の入門用のリファレンスとして 2012 年に発行してから 6 年が経ちました。その間、Excel も 2010 バージョンから世代が新しくなりました。おかげさまで、本書も改訂版を発行することとなりました。

　内容に関しては初版と大きく変わるところはありません。基本的なことを簡潔に書く、というスタンスはそのままに、1 ページ 1 項目の説明になっています。複数ページにわたる場合でも、2 ページの見開きにして見やすくしました。また、新しい内容をいくつか追加し、画面表示も新しくしました。

　本書が、ExcelVBA を始めたばかりの方や学び直したい方の参考となれば、これほどうれしいことはありません。

2018 年 10 月　　工藤喜美枝

※本書で使用したサンプルは、Web 上にあります。ご自由にお使いください。訂正などがあった場合もここに掲載いたします。
　http://kudo.la.coocan.jp/support/
※改訂版では、Windows10、Microsoft Office365 を使用していますが、VBA を記述する VBE（Visual Basic Editor）の画面は、どのバージョンもほとんど同じです。また、狭い紙面にデータをなるべく多く表示させるために、Excel のフォントを游ゴシックではなく、ＭＳ　Ｐゴシックに変更しています。なお、ダイアログボックスのタイトルバーをはっきりさせるために、Windows の個人用の設定で、青系の色にしています。

　Microsoft、Excel は米国 Microsoft Corporation の米国およびその他の国における登録商標です。なお、本文中には TM および®マークは明記しておりません。
　サンプルは Web 上にありますが、インターネット上のトラブル、機器、ソフトウェアのトラブル、保守等により停止することがあります。その際はご容赦ください。
　また、この Web は当面は維持しますが、サービスの提供を保証するものではありません。
　なお、ダウンロード等によって生じたいかなる損害等、また、使用および使用結果等においていかなる損害が生じても、著者および小社は一切の責任を負いません。あらかじめご了承ください。

目 次

第1章 VBA の基礎知識

1. マクロと VBA ………………… 2
2. [開発]タブの表示とキュリティの確認 ………………………… 3
3. VBE の起動と画面 ………………… 4
4. VBE のカスタマイズ ……………… 5
5. モジュール ……………………… 6
6. プロシージャ …………………… 7
7. コードの入力 …………………… 8
8. 入力支援機能 …………………… 9
9. コメント ……………………… 10
10. マクロの動作確認 ……………… 11
11. プロシージャのコピー・移動・削除 …………………………… 12
12. マクロの保存とマクロが保存されたブックの起動 …………… 13
13. オブジェクト …………………… 14
14. オブジェクトの階層構造 ……… 15
15. オブジェクトのコレクション 16
16. プロパティ ……………………… 17
17. メソッド ……………………… 18

第2章 プログラミングの基礎

18. 変数 …………………………… 20
19. 変数の型 ……………………… 21
20. 変数の宣言 …………………… 22
21. 変数の代入と取得 ……………… 23
22. 変数の適用範囲 ………………… 24
23. 変数の初期値 …………………… 25
24. オブジェクト変数 ……………… 26
25. 定数 …………………………… 27
26. 演算子 ………………………… 28
27. メッセージボックス …………… 30
28. インプットボックス …………… 32
29. 分岐処理(1):If ステートメント 34
30. 分岐処理 (2)：Select Case ステートメント ………………… 36
31. 繰り返し処理(1)：For...Next ステートメント ………………… 38
32. 繰り返し処理 (2)：Do...Loop ステートメント ………………… 40
33. 繰り返し処理 (3)：For Each... Next ステートメント ………… 42
34. 途中で抜ける …………………… 43
35. 複数操作をまとめて記述する 44

第3章 セルに関する操作

36. セルの参照 …………………… 46
37. 行・列の参照 …………………… 47
38. 現在のオブジェクトの参照 …… 48
39. 終端セルの参照 ………………… 49
40. 特殊なセルの参照 ……………… 50
41. セルの選択/アクティブ ……… 51
42. セルのコピー/移動 …………… 52
43. 列幅・行高の調整 ……………… 53

v

目 次

44. セル・行・列の挿入 ……………… 54
45. セル・行・列の削除 ……………… 55
46. 文字列の分割 …………………… 56
47. セルのクリア …………………… 57
48. 行・列の非表示 ………………… 58
49. セルに入力・値の取得 ………… 59
50. セルに表示された値の取得 …… 60
51. 数式の入力・数式の取得 ……… 61
52. 行番号・列番号の取得 ………… 62
53. セル範囲に名前を付ける ……… 63
54. 基準セルから相対的に参照する
　………………………………… 64

55. セル範囲の変更 ………………… 65
56. フォント・フォントサイズの
　設定 …………………………… 66
57. 太字・斜体・下線の設定 ……… 67
58. 色の設定 ………………………… 68
59. 配置の設定 ……………………… 70
60. 罫線の設定 ……………………… 72
61. 数値の表示形式 ………………… 74
62. 日付の設定 ……………………… 75
63. セルのコメント ………………… 76

第4章 関数

64. 日付を表す ……………………… 78
65. 日付を取り出す ………………… 79
66. 文字列を数える ………………… 80
67. 文字列の一部を取り出す ……… 81
68. 不要な空白を削除する ………… 82
69. 文字列を置き換える …………… 83
70. 文字種を変換する ……………… 84
71. 指定した書式で取り出す ……… 85

72. 文字を検索する ………………… 86
73. セルを検索する ………………… 87
74. 文字列の数字を数値に変換する 88
75. 数値かどうかチェックする …… 89
76. 小数を切り捨てる ……………… 90
77. 乱数を取得する ………………… 91
78. ワークシート関数を使う ……… 92

第5章 シート・ブック・印刷

79. シートの参照/選択 …………… 94
80. シートの追加 …………………… 96
81. シートの名前 …………………… 97
82. シートのコピー/移動 ………… 98
83. シート数の取得 ………………… 99
84. シートの削除 ………………… 100

85. シートの印刷 ………………… 101
86. ブックの参照 ………………… 102
87. ブックを開く ………………… 103
88. ブックの保存先を調べる …… 104
89. ブックの保存 ………………… 105
90. ブックを閉じる ……………… 106

目 次

第6章 マクロの実行とデバッグ

91. 実行ボタンの作成··················108
92. クイックアクセスツールバー
　　への登録··························109
93. ショートカットキーの設定···110
94. イミディエイトウィンドウの
　　利用······························111

95. ブレークポイントの設定·······112
96. デバッグ··························113
97. エラー回避·······················114
98. 画面とメッセージの制御·······115
99. ほかのプロシージャを呼び出す
　　··································116

第7章 マクロ記録の利用

100. マクロ記録の方法··············118
101. マクロ記録のコード············119

102. マクロ記録の修正··············120
103. マクロ記録で調べる············121

索 引································122

vii

第1章　VBA の基礎知識

第 1 章　VBA の基礎知識

1　マクロと VBA

（1）マクロとは

よく使う複数の処理や複雑な操作を、キー操作やボタン 1 つで自動実行する。または、通常の操作では実現できないことを実行する。これがマクロです。マクロを利用すると高度な処理が可能になり、業務に合致した便利なツールを作成することもできます。

マクロを利用できるのはExcelだけではありません。AccessやWordなどのMicrosoft社製品のほか、高機能なテキストエディタやそのほかのソフトでも使えるものがあります。

（2）VBAとは

VBA（Visual Basic for Applications）は、Excelをはじめ、Access・Word・PowerPoint・OutlookなどのMicrosoft社製品に付随する、マクロを記述するためのプログラミング言語です。ですから、マクロとVBAはイコールではありません。

VBAでは、プログラムを記述するための画面や操作方法が、ExcelやAccessなどで共通しています。したがって、ExcelのVBAを知っていると、AccessやWordでも応用できて利用範囲が広いのです。また、VBAを通してプログラミング言語に慣れ親しむことは、ほかのプログラミング言語を修得するのにも役立ちます。特にVisual Basicは、VBAのルーツなので、文法もほとんど同じで大変親しみやすいものです。

VBAの特徴としては、次のようなものがあげられます。

A）　何かのきっかけで実行される（イベント駆動型）

B）　オブジェクトに対して命令する（オブジェクト指向型）

（3）マクロの作成方法

VBAを記述するためのツールをVBE（Visual Basic Editor）といいます。そのVBEを使って、まず、プログラムコードを手入力で記述します。わからないところがあれば、マクロ記録の機能を使って調べます。それでも不明な場合は、ヘルプで調べます。

2

第1章　VBAの基礎知識

2　[開発]タブの表示とセキュリティの確認

(1) [開発] タブの表示

Excelでマクロを作成するには、リボンに [開発] タブを表示しておく必要があります。次の手順で表示しておきましょう。

① [ファイル] タブをクリックして、[オプション] をクリック。
② [リボンのユーザー設定] で [開発] にチェックを付けて、[OK]。

(2) セキュリティの確認

マクロを実行するには、セキュリティを確認しておく必要があります。

① [開発] タブをクリックして、[マクロのセキュリティ] をクリック。

② [警告を表示してすべてのマクロを無効にする] を選択して、[OK]。

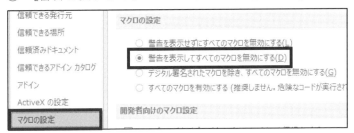

※これで、マクロを含むブックを開くときにマクロを有効にするか無効にするか選択できるようになります。自分が作成したものでないブックを開くときは、安全かどうか十分確認してから開くようにしましょう。

3

第1章　VBAの基礎知識

3　VBEの起動と画面

（1）VBEの起動

VBEの起動方法は次の2つがあります。

　　A）　［開発］タブの［Visual Basic］をクリック。
　　B）　【Alt】キー ＋ 【F11】キー

（2）VBEの画面

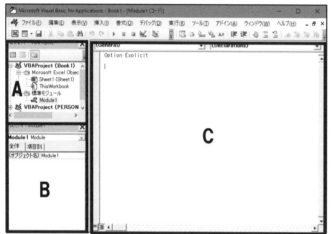

A　プロジェクトエクスプローラー

　シートや、マクロを記述するためのモジュールなどが表示されます。表示されていない場合、［表示］メニューの［プロジェクトエクスプローラー］をクリックすると、表示されます。ツリー形式になっていない場合は、［フォルダーの切り替え］をクリックすると、ツリー形式になります。

B　プロパティウィンドウ

　オブジェクトの詳細を設定します。表示されていない場合、［表示］メニューの［プロパティウィンドウ］をクリックすると、表示されます。

C　コードウィンドウ

　マクロコードを記述するところです。［挿入］メニューの［標準モジュール］をクリックするか、プロジェクトエクスプローラーのモジュールをダブルクリックすると表示されます。

第1章　VBAの基礎知識

4　VBE のカスタマイズ

(1) よく使うツールバーの表示
① ツールバー上で右クリック、[編集] にチェックを付ける。
② [標準] ツールバーの隣に配置しておくと、邪魔にならない。

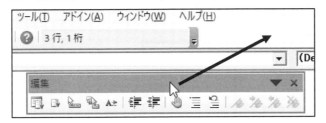

(2) オプションの変更
① [ツール] メニューの [オプション] をクリック。
② 変数宣言の強制（これにより、プログラムの間違いを減らせる）。

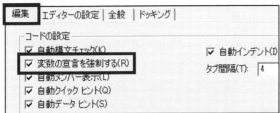

③ キーワードの色を変更（青を選ぶとプログラムが見やすくなる）。

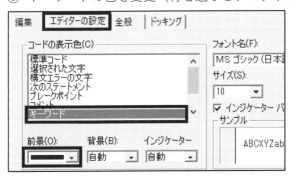

④ 設定が終わったら、[OK] をクリック。
⑤ VBEをいったん閉じることで設定が有効になる。

第1章　VBAの基礎知識

5　モジュール

(1) モジュールとは

モジュールは、マクロを記述するところです。プロジェクトエクスプローラーでは、次のようになっています。普通は、標準モジュールに書きます。クラスモジュールは高度なプログラムに使われます。

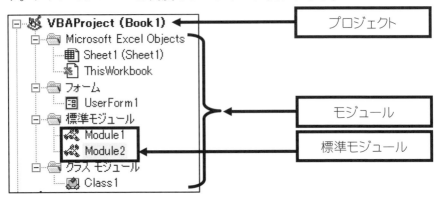

VBEを開いた直後は、Microsoft Excel Objectsだけが表示されています。［挿入］メニューの［標準モジュール］をクリックすると、標準モジュールが追加されます。そのほかは必要に応じて追加します。

(2) モジュール名の変更

モジュールを選択してから、プロパティウィンドウの［オブジェクト名］で変更します。

(3) モジュールの削除

コードウィンドウでマクロコードを全部削除しても、そのブックからマクロはなくなりません。マクロを全削除するには、モジュールを削除します。

モジュールを右クリックして、［○○○○の解放］をクリックします（○にはモジュール名が入ります）。エクスポートは、「いいえ」にします。

◆モジュールのエクスポート

「はい」にすると、名前を付けて保存できます。ほかのブックにインポートできるので、作成したマクロを有効活用できます。

6 プロシージャ

(1) プロシージャとは
マクロの実行単位をプロシージャとよびます。

通常、「Sub」で始まり、「End Sub」で終わります。これをSubプロシージャとよびます。そのほかFunctionプロシージャ、Privateプロシージャ、Publicプロシージャ、イベントプロシージャなどがあります。

(2) プロシージャ名
プロシージャ名は、決まりを守れば、自由に付けることができます。

A)　先頭は文字に限る（半角アルファベット。日本語もOK）。

B)　VBAで使われているキーワードなどの名前と同じにならないこと。

C)　使える記号は「 _ 」（アンダーバー）だけ。

D)　キーワードでなくても、VBAであらかじめ使われている名前はトラブルの元になるので使わないこと。（例）Range、Value、Fontなど。

(3) プロシージャの構成（コードウィンドウ）

A)　「Sub」「With」など青くなっている単語をキーワードといいます。

B)　「Range」は、セルを意味するオブジェクトです。

C)　「Value」は、セルのデータを意味するプロパティです。

D)　「Copy」は、コピーを意味するメソッドです。

E)　「'」で始まっている文字列をコメントといいます。

F)　個々の命令文をステートメントといいます。

※このコードは、本来「Range("A1,C5").Value = "マクロ"」の1行で済みますが、説明のためにこのように書いています。

7　コードの入力

　1つの命令は、1行で書くのが基本です。日本語以外は、直接入力を徹底してください。キーワードは、確定すると青く表示されます。

① 「sub　マクロ名」を入力。

```
sub macro
```

② 【Enter】キーを押すと「Sub」の先頭が大文字になり、マクロ名の後に「()」と、1行空けて「End Sub」が追加される。

```
Sub macro()

End Sub
```

③ 【Tab】キーを押してから、コードを入力する。プログラム言語以外の文字列は、「""」（ダブルコーテーション）で囲む。

```
Sub macro()
    range("A1").Value = "マクロ"
End Sub
```

④ 【Enter】キーか【↓】キーを押すと、確定する。

```
Sub macro()
    Range("A1").Value = "マクロ"
End Sub
```

※ **小文字で入力**しても、スペルが正しければ必要なところは大文字に自動変換されます。ごくまれに大文字変換されない場合がありますが、スペルが正しければプログラムは正常に動作するので心配いりません。

※ 【Tab】キーを押してインデント（字下げ）を行うのは、見やすいコードを書くためです。この操作はプログラムの実行には影響ありませんが、見やすいすっきりしたコードを書くことは、プログラミングの基本です。［編集］ツールバーで、まとめてインデントの設定と解除ができます。

※ 1行のコードが長くなったら、半角スペースとアンダーバーを入力すると改行することができます。

```
Workbooks("Book1.xlsm").Worksheets("Sheet1") _
    .Range("A1").Value = "マクロ"
```

8　入力支援機能

入力支援機能をうまく利用することで、素早く合理的に入力できます。

（1）自動クイックヒント

構文が自動で表示されます。太字で表されているものが現在入力すべきヒントで、入力を進めていくと太字の位置（引数）が移動します。入力が終わると消えます。

（2）自動メンバー表示

オブジェクトに対し、使用できるプロパティとメソッドの一覧が表示されます。1文字入力するとその文字で始まる項目に飛ぶので、【↓】キーで選択、【Tab】キーで確定します。ダブルクリックや【Enter】キーでも確定できます。

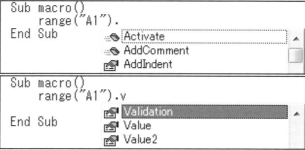

（3）入力候補

【Ctrl】キー＋【スペース】キーで、VBAのほとんどのオブジェクト、プロパティ、メソッド、関数などが表示されます。自動メンバー表示と同様に入力できます。1文字目を入力してから、表示することもできます。

9 コメント

どんなプログラミング言語でもそうですが、プログラムを書くときには、必ずその説明を書いておきましょう。「プログラム、3日経ったら赤の他人」とよく言われます。書いているそのときはわかっているつもりでも、しばらく経って見てみると、わからなくなっていることがあります。

コメントにするには、先頭に記号を付けます。記号以降の1行がコメントとなります。コメントはプログラムには一切関係がなく、自分自身またはほかの人のためのメモとなります。また、メモ書きだけでなく、プログラムを実行しないためにも使うことができます（コメントアウト）。

(1) コメント記号
次の2通りがあります。
- A) 「'」（シングルコーテーション）を付ける ⇒ 普通はこちらを使います。
- B) Rem ステートメントを付ける

(2) コメント記号の付け方
- A) 「'」を入力してから、文字列を入力する
    ⇒ コードの後に続けて書くことができます。
- B) ［編集］ツールバーのボタンを使う
    ⇒ 複数行まとめて「'」を設定・解除できます。

コメントブロック（設定）　　非コメントブロック（解除）

(3) コメント表示例

```
Sub macro()
'セルA1に「マクロ」と入力し、
'C5にコピーする。
    With Range("A1")        'セルA1に
        .Value = "マクロ"     '「マクロ」と入力
        .Copy Range("C5")   'C5にコピー
    End With
End Sub
```

10 マクロの動作確認

　ここでは、マクロの動作確認を行う基本的な方法を説明します。実行ボタンの作成については、第 6 章マクロの実行とデバッグを参照してください。なお、マクロによる動作は、Excelの元に戻す機能が使えないので注意してください。

(1) VBEからの動作確認
　マクロ内（SubからEnd Subまでの間）にカーソルを置いてから実行します。カーソルがマクロ内にないと、実行できないので注意してください。
　A)　【F5】キーを押す
　B)　［実行］メニューの［Sub/ユーザーフォームの実行］をクリック
　C)　ツールバーの ▶ をクリック
　D)　1 行ずつ実行（ステップ実行）するには、【F8】キーを押す

(2) Excelからの動作確認
　①　［開発］タブの［マクロの表示］をクリック

　②　［マクロの保存先］を「作業中のブック」とし、マクロ名を選択して、［実行］をクリック

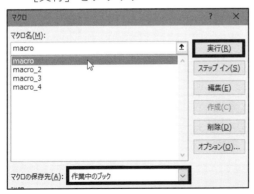

第1章　VBAの基礎知識

11　プロシージャのコピー・移動・削除

(1) プロシージャのコピー・移動

　SubからEnd Subまでを選択してから、通常のコピー・移動の操作を行います。ドラッグ＆ドロップも行えます。

　コピーした場合は、どちらかのプロシージャ名を必ず変更します。特に同じモジュール内でコピーした場合、同じプロシージャ名があると、ほかのマクロも実行できません。

(2) プロシージャの削除

　SubからEnd Subまでを選択してから、【Delete】キーで削除します。

◆プロシージャが1つしか表示されない場合

　プロシージャボックスを確認すると、複数のプロシージャがあるのに（A）、ほかのプロシージャが表示されない（B）ことがあります。

　切り替えて使うこともできますが、この場合は 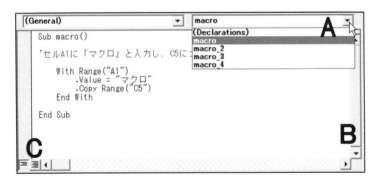（C）をクリックすると、すべてのプロシージャを表示することができます。

◆ほかのモジュールに切り替えるには

　プロジェクトエクスプローラーで、表示したいモジュールをダブルクリックします。

12 マクロの保存とマクロが保存されたブックの起動

(1) マクロの保存

マクロを設定したブックは、通常のExcelブックとしては保存できません。[名前を付けて保存] ダイアログボックスで、ファイルの種類を「Excelマクロ有効ブック（*.xlsm）」にしてから保存します。Excel2003以前のバージョンで開く可能性があるときは、「Excel97-2003 ブック（*.xls）」にします。

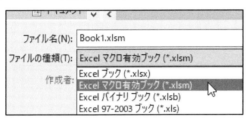

(2) マクロが保存されたブックの起動

マクロが保存されたブックを開くと［セキュリティの警告］が表示されるので、［コンテンツの有効化］をクリックします。これで次回からは表示されなくなります。保存場所が変更されると再び表示されます。

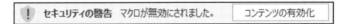

※［コンテンツの有効化］をクリックしなければ、マクロを無効にしたままExcelを操作できます。何か操作をすると、メッセージバーはすぐに消えます。

※VBEをすでに開いているときには、右のダイアログボックスが表示されるので、［マクロを有効にする］をクリックします。

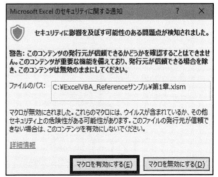

第1章 VBAの基礎知識

13 オブジェクト

(1) オブジェクトとは

操作の対象となるアプリケーションの要素をオブジェクトといいます。Excel（ブック）、ワークシート、セル、グラフ、フォームなどがあります。

【よく使うオブジェクト】

	操作の対象	オブジェクト名
A	Excelのブック	Workbookオブジェクト
B	ワークシート	Worksheetオブジェクト
C	セル	Rangeオブジェクト

(2) 基本構文

VBAでは、オブジェクトを操作する際は、必ずオブジェクトから書き始めます。次にピリオドの後に必要な操作を記述します。オブジェクトを操作する構文には、次の2通りがあります。

【基本構文】

	操作	書式
A	プロパティ	オブジェクト.プロパティ = 値
B	メソッド	オブジェクト.メソッド

◆オブジェクト・プロパティ・メソッドの見分け方

A オブジェクト ： ピリオドの前にあるもの

B プロパティ ： 🖼 のアイコンが付いているもの

C メソッド ： 📑 のアイコンが付いているもの

```
Sub macro()

A  range ("A1").
                    Activate
End Sub              AddComment
                 B  AddIndent
                    Address
                    AddressLocal
                 C  AdvancedFilter
                    AllocateChanges
```

14

14 オブジェクトの階層構造

Excelは、オブジェクトで構成されています。最上位はExcelというアプリケーションで、その中のブックを開くとワークシートがあり、セルがある、というように階層構造を形成しています。

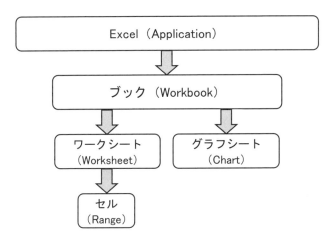

次のように書くと、現在のアクティブなシートに対して操作が実行されます。

```
Range("A1").Value = "マクロ"
```

特に指定する必要がなければ、この書き方で構いませんが、特定のシートを指定したり、シートを切り替えないでほかのシートやブックに対して操作したりするときは、階層構造の考え方を用いて記述します。

「Book1というブックのSheet1のセルA1にマクロと入力する」というコードを記述すると、次のようになります。

```
Workbooks("Book1.xlsm").Worksheets("Sheet1").Range("A1").Value = "マクロ"
```

上位の階層からピリオドでつなぎます。ピリオドは、助詞の「の」と思ってもよいです。最上位の階層からではなくて、途中の階層から書いても構いません。

第 1 章　VBA の基礎知識

15　オブジェクトのコレクション

　オブジェクトの同じ種類の集まりをコレクションといいます。コレクション内の 1 つひとつをメンバーといいます。コレクションでは、コレクション全体を操作する場合と、メンバーに対して操作する場合があります。

【コレクションの例】

	オブジェクト	コレクション
1	Workbook	Workbooks
2	Worksheet	Worksheets
3	Chart	Charts
4	Sheet	Sheets

【コレクションの構文】

コレクション . 操作
コレクション（メンバーの名前）. 操作
コレクション（インデックス番号）. 操作

※インデックス番号は、「何番目か」を表す数値のことです。

【コレクションの操作例】

	操作例	意味
1	Workbooks("Book1.xlsm").Activate	Book1.xlsmをアクティブにする
2	Worksheets.Select	すべてのワークシートを選択する
	Worksheets("Sheet1").Activate	ワークシートの中からSheet1をアクティブにする
	Worksheets(2).Activate	左から 2 番目のワークシートをアクティブにする
3	Charts("Graph1").Activate	グラフシートの中からGraph1シートをアクティブにする
4	Sheets("Sheet1").Activate	すべてのシートの中からSheet1 をアクティブにする

※Rangeオブジェクトには、コレクションはありませんが、Cellsが使えます。

16

第 1 章　VBA の基礎知識

16 プロパティ

(1) プロパティとは

オブジェクトの特徴（色、サイズ、入力されたデータ、その他）、属性（使用可能または表示/非表示などの動作を定義）などをプロパティといいます。

(2) プロパティの構文

プロパティでは、A：値（プロパティ値）を設定する場合と、B：プロパティ値を取得する場合があります。

【プロパティの構文】

A	**オブジェクト. プロパティ = 値**
B	**オブジェクト. プロパティ**

【プロパティの例】

A	Range("A1").Value = "マクロ" セルA1 の値としてマクロの文字を入力する
	Range("B2").Interior.ColorIndex = 5 セルB2 の塗りつぶしの色番号を 5 にする
	Range("C3").Font.Bold = True セルC3 のフォントの太字をオンにする
B	MsgBox ActiveCell.Value アクティブなセルの値を取得して、メッセージボックスで表示する

※文字列を書くときは、""（ダブルコーテーション）で囲みます。数値は囲みません。

※True（オン）に対するプロパティ値は、False（オフ）です。

17

第 1 章　VBA の基礎知識

17 メソッド

(1) メソッドとは

オブジェクトに対する動作・命令をメソッドといいます。

(2) メソッドの構文

メソッドでは、A：オプションを設定しない場合と、B：オプションを設定する場合があります。

【メソッドの構文】

A	オブジェクト.メソッド
B	オブジェクト.メソッド　オプション:=値

【メソッドの例】

A	Range("A1").Activate セルA1 をアクティブにする
B	Range("A1").Copy Destination:=Range("A2") セルA1 をセルA2 にコピーする

※「Range("A1").Copy　Range("A2")」と記述することもできます。

◆オプション名の省略

「オプション名:=」は、省略することができます。オプションが複数ある場合は、順序を変更しないでカンマ（,）で区切ります。

第2章　プログラミングの基礎

第2章 プログラミングの基礎

18 変数

（1）変数とは

　変数は、データを一時的に保存し、いつでも取り出せるようにするものです。よく、箱のような入れ物と例えられることがあります。入れ物に格納されたデータは、一定せず変化します。変数は、合理的な、汎用的なプログラムを作成するためになくてはならないものです。

（2）変数名

　変数名は、プロシージャ名と同じで、決まりを守れば自由に付けることができます。アルファベットは半角のみです。大文字小文字は自由です。日本語も使えます。

　A）　先頭は文字に限る。

　B）　VBAで使われているキーワードなどの名前と同じにならないこと。

　C）　使える記号は「 _ 」（アンダーバー）だけ。

　D）　プロシージャ名やほかの変数名と同じにならないこと。

（3）よく使われる変数名

　繰り返し変数の「i」は、どのプログラミング言語でも同様に使われていることが多いです。特にきちんとした名前を付けなければならない場合を除けば、簡単でわかりやすい変数名を使った方が効率的になります。

【よく使われる変数名】

変数名	用途
i	繰り返しの変数
c　cnt	数えるときに使う変数
f　flag	オン・オフに使う変数
n　num	一時的に扱う数字
s　str	一時的に扱う文字
tmp	一時的に扱う変数
my	自分が作成する変数の先頭に付ける　（例）myData

20

第2章　プログラミングの基礎

19　変数の型

　変数を使うときは、どんな内容のものを代入するのかデータ型を宣言します。適切なデータ型を宣言することによって、誤ったデータが代入されることを防ぎます。

【おもなデータ型（Excelのヘルプから抜粋・編集）】

	データ型		使用メモリ	範囲
1	ブール型	Boolean	2バイト	True（真）または、False（偽）
2	整数型	Integer	2バイト	−32,768〜32,767 までの整数値
3	長整数型	Long	4バイト	Integerでは保存できない大きな数値 −2,147,483,648〜2,147,483,647
4	単精度浮動小数点数型	Single	4バイト	小数点を含む数値 負の値：−3.402823E38〜−1.401298E-45 正の値：1.401298E−45〜3.402823E38
5	日付型	Date	8バイト	西暦100年1月1日〜西暦9999年12月31日 0:00:00〜23:59:59
6	文字列型	String	10バイト＋文字列の長さ	文字列
7	バリアント型	Variant	数値：16バイト 文字：22バイト＋文字列の長さ	あらゆる種類の値
8	オブジェクト型	Object	4バイト	オブジェクトへの参照 Range型、Worksheet型、Workbook型などがある

※ほかのデータ型についてはVBEのヘルプを参照してください。

21

第2章　プログラミングの基礎

20　変数の宣言

(1) 変数の宣言

　変数は、変数であることを宣言してから使います。VBAでは、特に宣言しなくても使えるようにはなっていますが、トラブル防止のために必ず宣言してから使いましょう。

(2) 変数宣言の強制

　VBAには、変数宣言を強制する仕組みがあります。第1章　4. VBEのカスタマイズ（p.5）を参照してください。

　この設定を行うと、新しく標準モジュールを追加したときにコードウィンドウの1行目に自動で「Option Explicit」が入力されます。

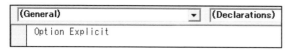

　この設定を行わない場合、変数を宣言せずに使ったり、変数名を間違えたりするとエラーが表示され、プログラムが停止します。自動で表示されない場合は、自分で入力しても有効です。

(3) 宣言の方法

Dim　変数名　As　データ型
Dim i As Long Dim myName As String
「i」という変数をLong型（数値）で宣言する 「myName」という変数をString型（文字列）で宣言する
Dim i As Long, myName As String
1行でまとめて書くには、カンマで区切り、2つ目以降の「Dim」は省略する

※「 Dim i, j As Long 」のように、データ型を省略すると、Variant型になってしまうので注意してください。この場合、「i」はLong型とはなりません。

第 2 章　プログラミングの基礎

21 変数の代入と取得

変数の扱い方の基本は次の通りです。

1. 変数の宣言

2. 値の代入

3. 値の取得（取り出す・調べる）

```
Sub sample_21()

    Dim n As Long
    n = 100
    MsgBox n + 50

End Sub
```

「n」という変数をLong型で宣言する

変数nに 100 を代入する

変数nの 100 に 50 を足してメッセージボックスで表示する

```
Sub sample_21_2()

    Dim myName As String, myAge As Long

    myName = "山田一郎"
    myAge = 20

    Range("A1").Value = myName
    Range("A2").Value = myAge

End Sub
```

「myName」という変数をString型で、「myAge」という変数をLong型で
宣言する

変数myNameに「山田一郎」という文字列を代入する

変数myAgeに 20 の数値を代入する

セルA1 に変数myNameの文字列を取得して入力する

セルA2 に変数myAgeの数値を取得して入力する

23

22 変数の適用範囲

　変数は、宣言する場所によって、適用される範囲（スコープ）が異なります。通常は、プロシージャレベルの変数を使います。

(1) プロシージャレベル変数
　Dimステートメントを使って、プロシージャ内の初めに宣言します。そのプロシージャ内だけに適用されます。

(2) モジュールレベル変数
　Dimステートメントを使って、宣言セクションで宣言します。そのモジュール内に適用されます。

(3) パブリック変数
　Publicステートメントを使って、宣言セクションで宣言します。すべてのモジュールに適用されますが、この変数を使うことはあまりありません。

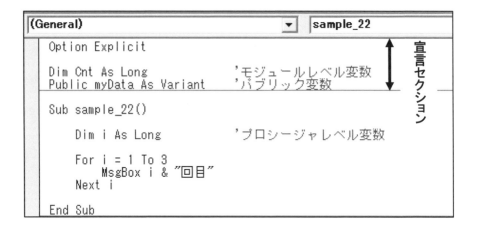

23 変数の初期値

(1) 変数の初期値

VBA以外の多くのプログラミングでは、変数には初期値を設定する必要があります。

しかし、VBAでは、変数宣言をすると自動的に次の初期値が与えられるので不要です。

【変数の初期値】

変数	初期値
Long型（数値）	0（ゼロ）
String型（文字列）	""（空の文字）
Variant型	Empty（何もない）

これらは、【F8】キーを押した直後に変数をポイントすると確認できます。または、ローカルウィンドウでも確認することができます。

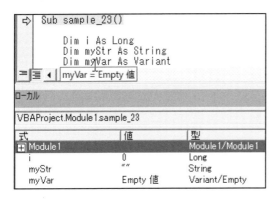

(2) ローカルウィンドウ

［表示］メニューの［ローカルウィンドウ］をクリックすると表示されます。ステップ実行中に変数がどのように変化するのかを確認できます。

マクロが終了するか、実行を中断するとクリアになります。

第2章　プログラミングの基礎

24 オブジェクト変数

(1) オブジェクト変数

　オブジェクト変数は、セルやワークシートなどオブジェクトそのもので
はなくて、オブジェクトへの参照が格納されます。そのため、通常の変数
とは少し扱いが異なります。変数の宣言方法は同じですが、格納するとき
にSetステートメントを使います。また、利用後は、オブジェクト変数をク
リアするようにしておきましょう。

(2) 構文と例

```
Dim  変数名  As  オブジェクト型
Set  変数名  =  オブジェクト
```

```
Sub sample_24()

    Dim myRange As Range

    Set myRange = Worksheets("Sheet1").Range("A1:C5")
    myRange.Interior.ColorIndex = 36
    Set myRange = Nothing

End Sub
```

「myRange」という変数を Range 型で宣言する

変数 myRange にワークシート 1 のセル A1 から C5 の範囲への参照を格
納する

シート 1 のセル A1 から C5 の範囲に塗りつぶしの色番号を「36」にする

変数 myRange をクリアする

(3) 総称オブジェクト型と固有オブジェクト型

　格納するオブジェクトの種類を限定しないものを総称オブジェクト型
(Object) といい、Range型、Worksheet型などを固有オブジェクト型とい
います。格納するオブジェクトが明らかなときは、該当するオブジェクト
型で宣言します。

第2章　プログラミングの基礎

25　定数

（1）定数とは

定数は、変数とは異なり、決まったデータを格納しておくものです。変更はできません。ExcelやVBAで持っている組み込み定数と、自由に設定できるユーザー定義定数とがあります。

（2）組み込み定数

組み込み定数	例	意味
Visual Basicに由来する定数	vbRed、vbBlue	赤、青
	vbCr vbLf vbCrLf※	キャリッジリターン（行頭に移動） ラインフィード（行を送る） キャリッジリターンとラインフィード
	vbYesNo	はいと、いいえのボタン
Excelに由来する定数	xlDown、xlUp	下方へ、上方へ
	xlCellTypeBlanks	空白セル
	xlDouble、xlDot	二重線、点線

※この3つはどれも改行を意味しますが、「vbCrLf」がおすすめです。

（3）ユーザー定義定数

Const　定数名　As　データ型　＝　値

```
(General)                                    ▼  sample_25

    Option Explicit

    Const Pi As Single = 3.14

    Sub sample_25()
        MsgBox "直径5cmの円周は、" & 5 * Pi & "cmです"
    End Sub
```

「Pi」というモジュールレベルの定数3.14を、Single型（小数）で宣言する
5×3.14を計算して、メッセージボックスで表示する

※宣言セクションで宣言すると、ほかのプロシージャでも使えます。

27

第2章　プログラミングの基礎

26 演算子

(1) 算術演算子

記号	意味	例	結果
+	加算	2 + 3	5
−	減算	5 - 3	2
*	乗算	2 * 3	6
/	除算	6 / 4	1.5
^	べき乗	2 ^ 3	8
¥	除算の商	9 ¥ 2	4
Mod	除算の余り	9 Mod 2	1

※「¥」「Mod」の計算結果は、整数となります。

※演算子の優先順位は、一般的な数学のルールと同じです。

(2) 文字列連結演算子

記号	例	結果
&	"文字列の" & "連結" 123 & 456	"文字列の連結" 123456
+	"文字列の" + "連結" 123 + 456	"文字列の連結" 579

※「＋」は、数字の場合計算されてしまうので、注意が必要です。

※算術演算子と区別するために、**文字列の連結は「&」**を使用しましょう。

(3) 代入演算子

記号	例	結果
=	Range("A1").value = 1 + 1	セル A1 の値は 2 となる
	Dim c As Long 　c = 1 　c = c + 1 　c = c + 1	c の値は 1（c に 1 を代入） c の値は 2（前行の c に加算） c の値は 3（前行の c に加算）

※右辺を左辺に代入すると考えます。変数の場合は、次々と変化します。

28

第 2 章　プログラミングの基礎

（4）比較演算子

記号	意味	例	結果
=	等しい	4 = 4	4 は 4 に等しいので True
<>	等しくない	4 <> 5	4 は 5 に等しくないので True
<	より小さい	4 < 5	4 は 5 より小さいので True
<=	以下	4 <= 4	4 は 4 以下なので True
>	より大きい	4 > 3	4 は 3 より大きいので True
>=	以上	4 >= 4	4 は 4 以上なので True
Is	オブジェクトの比較	オブジェクトを比較する 実際には、オブジェクトの比較よりも、セルを検索するときに使われることが多い ```\nDim myCell As Range\nSet myCell = Cells.Find("マクロ")\nIf myCell Is Nothing Then\n MsgBox "ありません"\nElse\n MsgBox "見つかりました。" & myCell.Address\nEnd If\n```	
Like	パターンマッチング	"a5a" Like "a*a" "a" Like "[A-Z]"	a5a は、a*a のパターンにマッチしているので True a は、[A-Z]のパターンにマッチしていないので False

※どれも、左辺を基準として判断します。

※そうでない場合は、Falseを返します。

（5）論理演算子

記号	意味	例	意味
And	論理積	A And B	A も B も両方とも含んでいれば True
Or	論理和	A Or B	A または B どちらかを含んでいれば True
Not	論理否定	Not A	A でなかったら True

27 メッセージボックス

(1) MsgBox関数の構文

```
Msgbox　表示する文字列
```

※文字列を直接表示するときは、「""」(ダブルコーテーション) で囲みます。

(2) MsgBox関数の引数

```
Msgbox　文字列, ボタンやアイコン, タイトル
Msgbox　Prompt, Buttons, Title
```

(3) ボタンに関する定数

定数	値	意味
vbOKOnly	0	[OK]ボタンのみ表示。特に指定しなくてよい。
vbOKCancel	1	OK・キャンセル のボタンを表示
vbAbortRetryIgnore	2	中止・再試行・無視 のボタンを表示
vbYesNoCancel	3	はい・いいえ・キャンセル のボタンを表示
vbYesNo	4	はい・いいえ のボタンを表示
vbRetryCancel	5	再試行・キャンセル のボタンを表示

(4) アイコンに関する定数

定数	値	意味
vbCritical	16	警告メッセージアイコンを表示 ⊗
vbQuestion	32	問い合わせメッセージアイコンを表示 ❓
vbExclamation	48	注意メッセージアイコンを表示 ⚠
vbInformation	64	情報メッセージアイコンを表示 ℹ

(5) 戻り値に関する定数

定数	値	クリックされたボタン
vbOK	1	[OK]
vbCancel	2	[キャンセル]
vbAbort	3	[中止]
vbRetry	4	[再試行]
vbIgnore	5	[無視]
vbYes	6	[はい]
vbNo	7	[いいえ]

(6) MsgBoxの利用例

```
Dim myA As Long
myA = MsgBox("実行しますか", vbOKCancel + vbQuestion, "確認")
If myA = vbOK Then
    MsgBox "では、実行します"
Else
    MsgBox "キャンセルされました"
End If
```

実行時に表示されるMsgBox	[OK]をクリック	[キャンセル]をクリック

※戻り値を利用するときは、MsgBox の引数全体をカッコで囲みます。

※戻り値は、1～7 までの数値なので、変数は数値として宣言します。

※引数名を省略しても構いません。

※引数名を省略しなければ、順序変更することもできます。

```
  MsgBox Title:="確認", Prompt:="実行しますか", _
            Buttons:=vbOKCancel + vbQuestion
```

※ボタンとアイコンを同時に指定するには、定数を「＋」でつなげます。

※定数を 1 ＋ 32 や 33 のように数値で指定することもできます。

第 2 章　プログラミングの基礎

28 インプットボックス

(1) InputBox関数の構文

InputBox　入力を促す文字列

InputBox ″名前を入力してください″

Microsoft Excel	✕
名前を入力してください	OK
	キャンセル

※InputBoxには、関数とメソッドがあります。本書では、扱いが簡単な関数を取り上げています。

(2) InputBox関数の引数

InputBox　入力を促す文字列, タイトル, あらかじめ入力しておく文字列
InputBox　Prompt, Title, Default

(3) InputBox関数のボタンをクリックしたときの戻り値

クリックされたボタン	入力された文字	値
[OK]	文字、数字など	入力された文字
	何も入力されない	空白の文字列「""」
[キャンセル]		

第 2 章　プログラミングの基礎

（4）InputBoxの利用例

```
Dim myQ As String

myQ = InputBox("氏名確認します。" & vbCrLf & "お名前は?", _
               "登録", "ひらがな入力")
If myQ = "" Then
    MsgBox "登録がキャンセルされました"
Else
    MsgBox myQ & "さん" & vbCrLf & "初めまして"
End If
```

実行時に表示されるインプットボックス

登録	×
氏名確認します。 お名前は?	OK キャンセル
ひらがな入力	

入力して、[OK] をクリックしたときに表示されるメッセージボックス

Microsoft Excel ×
くどうさん 初めまして
OK

キャンセルされたときのメッセージボックス

Microsoft Excel ×
登録がキャンセルされました
OK

※戻り値を利用するときは、Inputbox の引数全体をカッコで囲みます。

※戻り値は文字列となるので、変数の型は「String」にします。

※引数名を省略しなければ、順序変更することもできます。

```
InputBox Default:="ひらがな入力", Title:="登録", _
         prompt:="氏名確認します。" & vbCrLf &"お名前は?"
```

※「vbCrLf」は、改行する定数です(p.27 参照)。「&」（アンパサンド）でつなぎます。MsgBox・InputBox どちらでも使えます。

33

第2章　プログラミングの基礎

29 分岐処理（1）：Ifステートメント

（1）条件が1つで、処理が1つの場合

```
If  条件  Then
    処理
End  If
```

※「If・・・」と入力したら、「End　If」をペアで入力しておきましょう。

（2）条件が1つで、処理が2つの場合

```
If  条件  Then
    処理1
Else
    処理2
End  If
```

```
Dim myQ As Long
myQ = MsgBox("準備できましたか?", vbYesNo)
If myQ = vbYes Then
    MsgBox "では、始めましょう。"
Else
    MsgBox "では、もう少し待ちます。"
End If
```

「準備できましたか?」とメッセージボックスで表示。

「はい」だったら「では、始めましょう。」とメッセージボックスで表示。

そうでなかったら、「では、もう少し待ちます。」と表示。

◆条件のバリエーション（どの方法でも処理できます）

If myQ = vbYes Then	If myQ = vbNo Then
If myQ <> vbNo Then	If myQ <> vbYes Then

※条件が複数の場合、右図のように
Elseifを使って、追加できます。

```
If 条件1 Then
    処理1
ElseIf 条件2
    処理2
・・・
End If
```

第 2 章　プログラミングの基礎

（3）複数の条件による処理：Ifステートメントをネストする

```
If   条件1   Then
     If   条件2
          処理
     End  If
End  If
```

```
If Range("B2").Value <> "" Then
    If Range("C2").Value <> "" Then
        Range("D2").Value = "入力済み"
    End If
End If
```

◢	A	B	C	D
1		参加者名	年齢	チェック
2	1	阿部	21	入力済み
3	2	石田		
4	3	上野	17	

（4）複数の条件による処理：論理演算子を使用する

```
If   条件1   論理演算子   条件2   Then
     処理
End  If
```

※（3）の例を論理演算子（And）を使って記述

```
If Range("B2").Value <> "" And Range("C2").Value <> "" Then
    Range("D2").Value = "入力済み"
End If
```

※論理演算子（Or）を使って記述

```
If Range("B3").Value = "" Or Range("C3").Value = "" Then
    Range("D3").Value = "未入力のセルがあります"
End If
```

◢	A	B	C	D
1		参加者名	年齢	チェック
2	1	阿部	21	入力済み
3	2	石田		未入力のセルがあります
4	3	上野	17	

35

第2章　プログラミングの基礎

30 分岐処理（2）：Select　Case ステートメント

（1）Select Caseの構文

```
Select  Case  対象
    Case  条件 1
        処理 1
    Case  条件 2
        処理 2
          ・・・
    Case  Else
        処理
End  Select
```

※条件と処理をいくつでも増やすことができます。

（2）対象となるもの

　セルなどのオブジェクト、変数などを指定できます。

（3）条件の例

条件	内容
Case 0	0 の場合
Case "Excel"	「Excel」の場合　（文字列の場合は、「""」で囲む）
Case Is＜5	5 より小さい場合 ※比較演算子を使うとき 　「Case＜5」のように入力して改行すると、自動で比較演算子の前に「Is」キーワードが追加される。
Case 5, 10, 15	5 か、10 か、15 の場合　（カンマで区切る） 「Case "赤", "青"」のように文字でも使える。
Case 5 To 15	5 から 15 までの場合　（「To」キーワードを使う） 「Case "a" To "g"」のように文字でも使える。
Case Else	そのほかの場合　（必要なければ使わなくてもよい）

※ここで追加される「Is」キーワードは、比較演算子の「Is」とは異なります。

36

第 2 章　プログラミングの基礎

（4）利用例_1

```
Select Case Range("B2").Value
    Case Is < 6
        Range("B4").Value = "無料です"
    Case Is < 15
        Range("B4").Value = "100円です"
    Case Is >= 65
        Range("B4").Value = "無料です"
    Case Else
        Range("B4").Value = "500円です"
End Select
```

セルB2 の値が

　6 より小さければ、「無料です」と入力

　15 より小さければ、「100 円です」と入力

　65 以上ならば、「無料です」と入力

　それ以外ならば、「500 円です」と入力

終わり

◢	A	B	
1			
2	年齢	20	歳
3			
4	入場料		

◢	A	B	
1			
2	年齢	20	歳
3			
4	入場料	500円です	

※「Select ・・・」と入力したら、「End　Select」をペアで入力しておきましょう。

（5）利用例_2

```
Dim myQ As String

myQ = InputBox("「東風」はなんと読む？")
Select Case myQ
    Case "こち", "コチ", "コチ", "kochi", "koti", "cochi", "coti"
        MsgBox "正解！"
    Case "ひがしかぜ", "とうふう"
        MsgBox "残念、辞書を引きましょう。"
    Case Else
        MsgBox "俳句の春の季語ですよ。"
End Select
```

※実際に入力するか、サンプルで試してみてください。

37

第2章 プログラミングの基礎

31 繰り返し処理（1）：For...Next ステートメント

繰り返しの回数が決まっているときに使われます。

(1) For...Nextの構文

```
For  変数  =  初期値  To  最終値
    処理
Next  変数
```

```
Dim i As Long

For i = 1 To 3
    MsgBox i & "回目です"
Next i
```

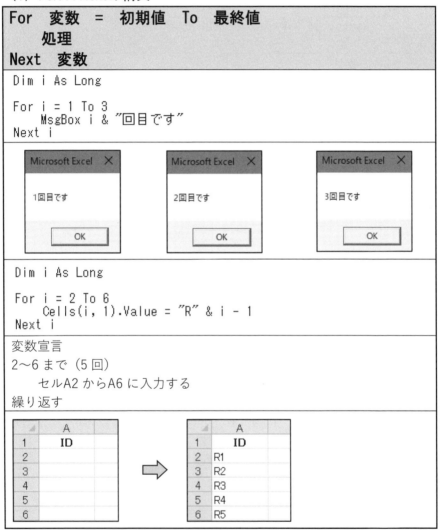

```
Dim i As Long

For i = 2 To 6
    Cells(i, 1).Value = "R" & i - 1
Next i
```

変数宣言
2～6まで（5回）
　　セルA2からA6に入力する
繰り返す

※「For ・・・」と入力したら、「Next　変数」をペアで入力しておきましょう。

第 2 章 プログラミングの基礎

（2）任意の間隔で繰り返す

For　変数　=　初期値　To　最終値　Step　増減値　　処理 Next　変数
| ```
Dim i As Long

For i = 1 To 6 Step 2
    Cells(i, 2).Value = "奇数行"
Next i
``` |
| 変数宣言
1～6 まで 2 ずつ加算しながら（1 つおきに）
　　セル B1 から B6 のセルに入力する
繰り返す |

| ```
Dim i As Long

For i = 3 To 1 Step -1
    MsgBox "あと" & i & "周"
Next i
MsgBox "Goal！"
``` |
|---|
| 変数宣言
3～1 まで 1 ずつ減算しながら
　　メッセージボックスで「あと○周」と表示
繰り返す
メッセージボックスで「Goal！」と表示 |

※「Step　増減値」（増し分）を省略すると、1 ずつ増していくものとみなされます。
　増減値は、整数だけでなく、小数も使えます。

第2章 プログラミングの基礎

32　繰り返し処理（2）：Do...Loop ステートメント

繰り返しの回数が決まっていなくても、条件を満たしている間繰り返します。

（1）Whileを使ったDo...Loopステートメントの構文

Do　While　条件
　　処理
Loop

```
Dim i As Long

i = 2
Do While Cells(i, 1).Value <> ""
    If Cells(i, 3).Value >= 18 Then
        Cells(i, 4).Value = "成人"
    End If
    i = i + 1
Loop
```

変数宣言
変数に2を代入（2行目から開始）
セルA2からセルの値が空白でない間（セルに何か入力されている間）
　　　C列の数値が18以上だったら、
　　　　　D列に「成人」と入力する
　　　終わり
　　　変数を1増やす
繰り返す

	A	B	C	D
1		氏名	年齢	チェック
2	1	阿部	16	
3	2	石田	20	
4	3	上野	17	
5	4	遠藤	19	
6	5	大野	22	

	A	B	C	D
1		氏名	年齢	チェック
2	1	阿部	16	
3	2	石田	20	成人
4	3	上野	17	
5	4	遠藤	19	成人
6	5	大野	22	成人

◆For と Do の繰り返し処理について

　Do...Loopステートメントは、終了値を気にしなくて良いので便利なようですが、Excel VBAで使う繰り返し処理は、できるだけ For...Nextステートメントをおすすめします。

第 2 章　プログラミングの基礎

（2）WhileをLoopの後に配置した利用例

```
Dim i As Long

i = 1
Do
    Cells(i, 3).Select
    If Cells(i, 3).Value = ActiveCell.Offset(1, 0).Value Then
        MsgBox "次の人と同じ年齢です"
    End If
    i = i + 1
Loop While Cells(i, 3).Value <> ""
```

変数宣言

変数に 1 を代入

　　セル C1 を選択

　　アクティブになったセルがその下のセルと値が同じだったら、

　　　　MsgBox で「次の人と同じ年齢です」と表示

　　終わり

　　変数を 1 増やす

C1 の値が空白でない間（セルに何か入力されている間）繰り返す

	A	B	C	D	E
1		氏名	年齢		
2	1	加藤	22		
3	2	木村	21		
4	3	工藤	20		
5	4	見城	20		
6	5	小林	20		
7	6	佐藤	19		
8	7	篠原	19		

Microsoft Excel ✕
次の人と同じ年齢です
OK

該当するセルが あれば、メッセージが表示されます。

※Whilleの代わりに Until を使っても同じように処理できます。

◆Do...Loop を利用する際の注意点

　Do...Loop の処理では、うっかりすると、処理が終わらない永久ループに陥ってしまうおそれがあります。特に変数の増加を忘れることが多くみられます。その場合は、まず【Esc】キーを押してみてください。それで終わらなければ、p.43 を参照してください。

41

第 2 章　プログラミングの基礎

33　繰り返し処理（3）：For Each…Next ステートメント

（1）For Each…Next ステートメントの構文

　コレクションを対象に繰り返し処理を行うときに使います。オブジェクトの数を意識する必要がありません。

For Each オブジェクト変数 In コレクション
　　処理
Next オブジェクト変数

```
Dim myRange As Range

For Each myRange In Range("B2:D5")
    If myRange = "" Then
        myRange.Interior.ColorIndex = 15
    End If
Next myRange
```

変数宣言

セル B2:D5 の範囲で

　　セルに何も入力されていなかったら

　　　　塗りつぶしを色番号 15 にする

　　終わり

繰り返す

▲	A	B	C	D
1		**月**	**火**	**水**
2	1		英語	
3	2	経済入門	倫理学	
4	3	社会学		情報処理
5	4			

⇒

▲	A	B	C	D
1		**月**	**火**	**水**
2	1		英語	
3	2	経済入門	倫理学	
4	3	社会学		情報処理
5	4			

※ここで使うオブジェクト変数は、Set で宣言する必要はありません。

◆「Next」の後の変数名

　「Next」の後の変数名は省略が可能ですが、ネストした場合の可読性やループの明示を考慮して、きちんと書きましょう。本書では省略しません。

42

34 途中で抜ける

(1) 無限ループを抜けるには

Forや、Doなどの繰り返し処理（ループ）は、誤ったコードを書くと、無限ループに陥ることがあります。いつまで経っても処理が終わらないときは、【Ctrl】キー ＋【Break】キー を押します。

※ノート型PCでは、ほかのキーと組み合わせる場合があります。

(2) 繰り返し（ループ）を抜けるコード

明示的に繰り返しを抜けるには、Exitステートメントを使います。

```
Exit For
Exit Do
```

```
    For i = 2 To 6
        If Cells(i, 2).Value = "上野" Then
            MsgBox "上野さんは、" & Cells(i, 2).Address
            Exit For
        End If
    Next i
```

2～6まで（5回）

　　セルB2からB6の値が「上野」だったら、

　　　　メッセージボックスを表示して、

　　　　Forを抜ける

繰り返す

「上野」が見つからなければ、最後まで繰り返し処理を行います。

(3) Subプロシージャを抜けるには

明示的にプロシージャを抜けるには、Exitステートメントを使います。

```
Exit Sub
```

第2章　プログラミングの基礎

35　複数操作をまとめて記述する

　同じオブジェクトに対して連続して処理を記述する場合、Withステートメントを使うと、1行ずつ記述するよりもわかりやすくなり、処理速度も向上します。

（1）Withステートメントの構文
　オブジェクトの共通する部分をWithの後ろに配置し、その次の行から処理を書きます。ピリオドから書くことに注意してください。

```
With　オブジェクトの共通する部分
    .処理
    .処理
    ・・・
End With
```

```
Range("A1:A3").Font.Italic = True
Range("A1:A3").Font.Size = 14
Range("A1:A3").Font.Underline = True
```

　⬇　上の3行をまとめると

```
With Range("A1:A3").Font
    .Italic = True
    .Size = 14
    .Underline = True
End With
```

セルA1:A3のフォントに対して
　　斜体にする
　　サイズを14にする
　　下線を付ける
終わり

	A	B
1	受講コース	
2	氏名	
3	連絡先	

	A	B
1	*受講コース*	
2	*氏名*	
3	*連絡先*	

※「With・・・」と入力したら、「End　With」をペアで入力しておきましょう。

第3章　セルに関する操作

第 3 章　セルに関する操作

36 セルの参照

（1）Range

セル番地を「""」で囲んで指定します。単一セルとセル範囲を指定できます。

Range（"セル番地"）	
Range("A1")	セルA1
Range("A1,E4,G8")	セルA1 とE4 とG8
Range("A1：E4")	セル範囲A1 からE4
Range("A1","E4")	セル範囲A1 からE4
Range("A1,E4:G8")	セルA1 とセル範囲E4 からG8
Range("A1:B6,E4:G8")	セル範囲A1 からB6 と、セル範囲E4 からG8
Range("名前")	名前を付けたセル範囲

（2）Cells

単一セルを指定します。行番号と列番号を数値で指定できるので、繰り返し処理などでよく使われます。Rangeにはコレクション（集合体）がないため、すべてのセルは「Cells」で処理します。

Cells（行番号, 列番号）	
Cells(1,1)	セルA1
Cells(6,2)	セルB6
Cells	すべてのセル

（3）RangeとCellsの組み合わせ

RangeとCellsを組み合わせると、セル範囲を数値で指定できます。繰り返し処理でよく使われます。

Range（Cells, Cells）	
Range(Cells(1,1),Cells(4,5))	セル範囲A1 からE4

第 3 章　セルに関する操作

37 行・列の参照

(1) 行の参照

Rows（行番号）	
Rows	すべての行
Rows(3)	3 行目
Rows("3:6")	3〜6 行目
Range（"行番号"）	
Range("3:3")	3 行目
Range("3:6")	3〜6 行目
Range("4:4,7:7,10:10")	4 行目と 7 行目と 10 行目

(2) 列の参照

Columns（列番号）	
Columns	すべての列
Columns(3)	C列、3 列目
Columns("C")	C列
Columns("C:F")	C〜F列
Range（"列番号"）	
Range("C:C")	C列
Range("C:F")	C〜F列
Range("B:C,E:F")	B〜C列とE〜F列

47

第3章　セルに関する操作

38 現在のオブジェクトの参照

　アクティブなセルや範囲・行・列などを指定するには、次の表で示した
プロパティを使います。

プロパティ	意味と例
ActiveCell	アクティブになっているセル 　ActiveCell.Value = 123 　（アクティブセルに「123」と入力）
Selection	選択しているもの（セルとは限らないので注意が必要） 　Selection.Value = "マクロ" 　（選択しているセルに「マクロ」と入力）
CurrentRegion	あるセルを含む連続したセル範囲 　Range("A3").CurrentRegion.Select 　（セルA3を含む連続したセル範囲を選択）
UsedRange	使用されているセル範囲 　ActiveSheet.UsedRange.Select 　（アクティブシートの使用されているセル範囲を 　選択）
EntireRow	あるセルを含む行全体 　Range("B3").EntireRow.Select 　（セルB3を含む行<3行目>全体を選択）
EntireColumn	あるセルを含む列全体 　Range("B3").EntireColumn.Select 　（セルB3を含む列<B列>全体を選択）

48

39 終端セルの参照

(1) 表内の終端セルの参照

オブジェクト.End(移動の方向)

`Range("A5").End(xlToRight).Activate`

セルA5の終端セル(右方向へ)をアクティブにする

	A	B	C
1	ID	商品名	単価
2	K001	ボールペン	80
3	K002	サインペン	70
4	K003	ミリペン	90
5	K004	蛍光ペン	80

⇒

	A	B	C
1	ID	商品名	単価
2	K001	ボールペン	80
3	K002	サインペン	70
4	K003	ミリペン	90
5	K004	蛍光ペン	80

(2) 引数

定数	方向	定数	方向
xlup	上	xlToLeft	左
xldown	下	xlToRight	右

(3) 表の最終行をアクティブにする

Endプロパティでは、表の途中に空白セルがあった場合に表の最終行に移動するとは限りません。そのため、シートの最終行から上方向に向かって最初のデータセルをアクティブにする方法がとられます。

Cells(Rows.Count, 1).End(xlUp).Activate

A列の最終行から上方向の最初のデータセルをアクティブにする

※「Rows.Count」は、行数を意味します。このコードを使うと、Excelのバージョンによる行数を気にすることなく使うことができます。

(4) 表の最終行の次の行にデータを追加する

Cells(Rows.Count, 1).End(xlUp).Offset(1, 0).Value = "K005"

A列の最終行から上方向の最初のデータセルの1行下に「K005」と入力

第3章 セルに関する操作

40 特殊なセルの参照

（1）特殊なセルの参照

特殊なセル	書式
空白セル	SpecialCells(xlCellTypeBlanks)
数式のセル	SpecialCells(xlCellTypeFormulas)
数値のセル	SpecialCells(xlCellTypeConstants, xlNumbers)
文字列のセル	SpecialCells(xlCellTypeConstants, xlTextValues)

（2）利用例

```
With ActiveSheet.UsedRange
    .SpecialCells(xlCellTypeBlanks).Select                        '①
    .SpecialCells(xlCellTypeFormulas).Select                     '②
    .SpecialCells(xlCellTypeConstants, xlNumbers).Select         '③
    .SpecialCells(xlCellTypeConstants, xlTextValues).Select      '④
End With
```

①

	A	B	C	D
1		月	火	小計
2	N1		960	960
3	N2	1,200	780	1,980
4	N3	1,500		1,500
5	計	2,700	1,740	4,440

②

	A	B	C	D
1		月	火	小計
2	N1		960	960
3	N2	1,200	780	1,980
4	N3	1,500		1,500
5	計	2,700	1,740	4,440

③

	A	B	C	D
1		月	火	小計
2	N1		960	960
3	N2	1,200	780	1,980
4	N3	1,500		1,500
5	計	2,700	1,740	4,440

④

	A	B	C	D
1		月	火	小計
2	N1		960	960
3	N2	1,200	780	1,980
4	N3	1,500		1,500
5	計	2,700	1,740	4,440

41 セルの選択／アクティブ

(1) セルの選択

オブジェクト.Select

```
Range("A1:C1").Select
```

セル範囲A1：C1を選択する

(2) セルのアクティブ

オブジェクト.Activate

```
Range("A1:C5").Select
Range("B3").Activate
```

セル範囲A1：C5を選択する

セルB3をアクティブにする

※Selectメソッドは、さまざまなオブジェクトに対して有効です。それに対してActivateメソッドは、単一セルにのみ有効となります。そのため、単一セルではSelectメソッド・Activateメソッドのどちらを使っても差し支えありません。

第3章　セルに関する操作

42 セルのコピー／移動

（1）セルのコピー／移動

オブジェクト.Copy/Cut　Destination:=貼り付け先

```
Range("A1:B3").Copy Destination:=Range("A5")
```

セル範囲A1：B3 をコピーし、セルA5 に貼り付ける

▲	A	B
1	*受講コース*	
2	*氏名*	
3	*連絡先*	
4		
5		
6		
7		

⇒

▲	A	B
1	*受講コース*	
2	*氏名*	
3	*連絡先*	
4		
5	*受講コース*	
6	*氏名*	
7	*連絡先*	

※「Destination:=」は省略できます。

```
Range("A1:B3").Copy Range("A5")
```

※「Copy」を「Cut」にすると、移動となります。

（2）2回以上コピーする場合

オブジェクト.Copy
オブジェクト.Paste　Destination:=貼り付け先

```
Range("A1:B3").Copy
With ActiveSheet
    .Paste Range("A9")
    .Paste Range("A13")
End With
Application.CutCopyMode = False
```

セル範囲A1：B3 をコピー

アクティブシートの

　　セルA9 に貼り付け

　　セルA13 に貼り付け

移動コピーモードを解除（コピーしたセルの外枠の点滅状態を解除）

43 列幅・行高の調整

(1) 列幅の自動調整

オブジェクト.AutoFit

```
Columns("A:C").AutoFit
```

A：C列の幅を自動調整する

※「Range("B2").Columns.AutoFit」のようにすると、そのセルに合わせて調整できます。

(2) 列幅・行高を数値で設定

オブジェクト.ColumnWidth ＝ 設定値
オブジェクト.RowHeight ＝ 設定値

```
Columns("A").ColumnWidth = 6
Rows(1).RowHeight = 20
```

A列の幅を「6」とする

1行目の高さを「20」とする

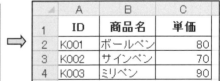

※列幅のデフォルトは 8.38（72ピクセル）で、標準フォントの半角文字がおよそ8文字入力できる幅です。

(3) 標準の幅と高さに戻す

標準の幅に戻すには、「Cells.UseStandardWidth = True」

標準の高さに戻すには、「Cells.UseStandardHeight = True」とします。

第3章 セルに関する操作

44 セル・行・列の挿入

(1) Insertメソッドの構文

オブジェクト.Insert Shift:=方向, CopyOrigin:=書式のコピー元

※ほかのデータに影響を及ぼさないように注意が必要です。
※「Shift:=」「CopyOrigin:=」の文字は省略できます。
※書式のコピー元を省略すると、挿入後に下方向に移動した場合に上の書式が、右方向に移動した場合には左の書式が適用されます。右または下の書式を適用するには「xlFormatFromRightOrBelow」を指定します。

(2) セルの挿入

```
Range("A2:C2").Insert xlDown
```

セル範囲A2：C2の下方向にセルを挿入

(3) 行・列の挿入

```
Rows(5).Insert
```

5行目に行を挿入

※行・列の挿入では、方向については特に指定しないことが多いです。

45 セル・行・列の削除

(1) Deleteメソッドの構文

オブジェクト.Delete　Shift:=方向

※ほかのデータに影響が出ないように注意が必要です。
※「Shift:=」は省略できます。
※方向は、上（xlUp・xlShiftUp）、左（xlToLeft・xlShiftToLeft）になります。

(2) セルの削除

```
Range("A2:C2").Delete xlUp
```

セル範囲 A2:C2 を削除して上に詰める

(3) 行・列の削除

```
Rows(4).Delete
```

4行目を削除して上に詰める

※「Range("A4").EntireRow.Delete」のような書き方もできます。

46 文字列の分割

(1) 文字列の分割

オブジェクト.TextToColumns _ 　　　Destination:=表示先セル,区切り文字:=True
Range("A2").TextToColumns Destination:=Range("B2"),Comma:=True
セルA2のデータをカンマで区切って、セルB2から表示する

※「Destination:=」の文字は、省略できます。

(2) 区切り文字の引数

区切り文字	引数の表示
カンマ	Comma:=true
セミコロン	Semicolon:=true
スペース	Space:=true
タブ	Tab:=true

※区切り文字の引数を複数設定するときは、カンマで区切ります。

47 セルのクリア

(1) セルの値をクリアする

オブジェクト.ClearContents
Range("C2:C4").ClearContents
セルC2：C4 のデータをクリアする

※これは、【Delete】キーを押したのと同じになります。

(2) セルの書式をクリアする

オブジェクト.ClearFormats
Range("B2:B4").ClearFormats
セル範囲B2:B4 の書式をクリアする

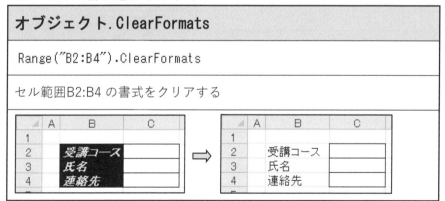

(3) セルをすべてクリアする

オブジェクト.Clear
Cells.Clear
すべてのセルをクリアする

※セルそのものを削除するDeleteメソッドとは異なります。

48 行・列の非表示

Hiddenプロパティで、行・列の表示／非表示を切り替えることができます。

(1) 行・列の表示／非表示

設定値を「True」にすると非表示となり、「False」にすると表示されます。

オブジェクト.Hidden = True/False

```
Columns("C").Hidden = True
Rows(4).Hidden = False
```

C列を非表示にする
4行目を表示する

(2) 行・列の表示の自動切り替え

Not演算子を使うと、表示／非表示を自動で切り替えることができます。

```
Columns("C").Hidden = Not Columns("C").Hidden
```

C列が表示されていたら非表示にし、非表示だったら表示する

第 3 章　セルに関する操作

49　セルに入力・値の取得

(1) セルに入力

オブジェクト.Value ＝ 値
※値は、文字の場合は「""」で囲む。数字の場合は「""」は不要。

```
Range("A1").Value = "年齢"
Range("B1").Value = 20
```

セルA1 に「年齢」と入力

セルB1 に 20 と入力

(2) セルの値を取得

オブジェクト.Value

```
MsgBox Range("A3").Value
MsgBox Range("B3").Value
```

セルA3 の値をメッセージボックスで表示

セルB3 の値をメッセージボックスで表示

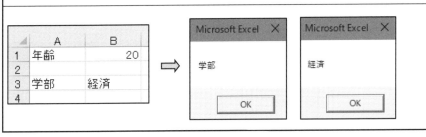

◆Valueの省略

　Valueプロパティは、「Range("B1") = 20」のように省略可能ですが、省略しないことをおすすめします。

59

第 3 章　セルに関する操作

50　セルに表示された値の取得

(1) セルに表示された値の取得

オブジェクト.Text

```
MsgBox Range("C5").Text

MsgBox Range("C5").Value

MsgBox Range("D5").Text

MsgBox Range("D5").Value
```

セルC5 に表示されている値をメッセージボックスで表示
セルC5 の値をメッセージボックスで表示

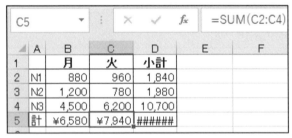

※Textプロパティは、セルに表示された値を取得するだけです。
※TextプロパティとValueプロパティの違いに注意してください。
※数式を取得するには、Formulaプロパティを使います。

51 数式の入力・数式の取得

(1) 数式の入力

「"数式"」は、小文字入力で構いません。プロシージャを実行すると、セルでは大文字に変換されます。

オブジェクト.Formula ＝ "数式"

```
Range("D2").Formula = "=sum(b2:c2)"
```

セルD2 に「=sum(b2:c2)」と入力

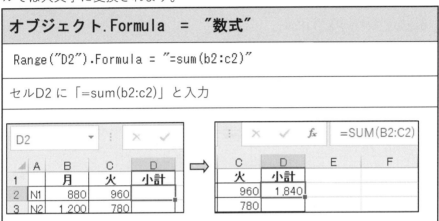

※Formulaプロパティを使わずに、「オブジェクト.Value = "数式"」と記述することも可能ですが、なるべくFormulaプロパティを使いましょう。

(2) 数式の取得

オブジェクト.Formula

```
MsgBox Range("D2").Formula
```

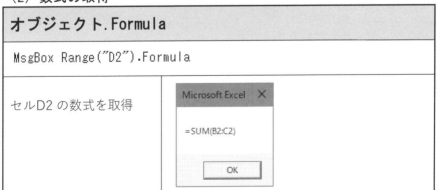

セルD2 の数式を取得

◆計算結果の数値を取得するには

「 MsgBox Range("D2").Value 」のようにValueプロパティを使います。

52 行番号・列番号の取得

(1) 行番号の取得

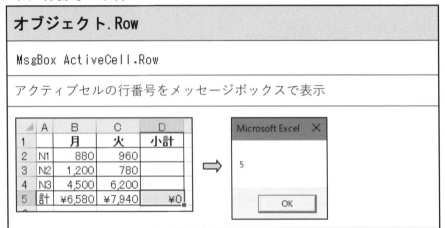

(2) 列番号の取得

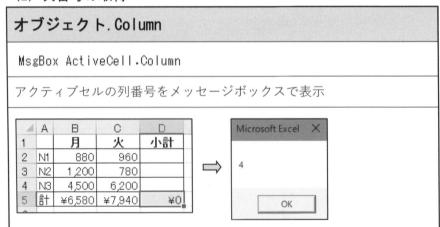

※Rowプロパティ、Columnプロパティとも、値のみ取得します。
※列番号のアルファベットは取得できません。

第 3 章　セルに関する操作

53　セル範囲に名前を付ける

(1) セル範囲に名前を付ける

オブジェクト.Name ＝ "名前"

Range("A1:C5").Name = "List"

セル範囲A1：C5の名前を「List」にする

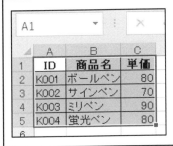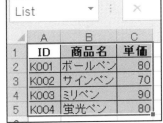

(2) 利用例

オブジェクト.Range("名前")

Range("List").Font.Italic = True

セル範囲Listにフォントの斜体を設定する

◆名前を削除するには

「ActiveWorkbook.Names("List").Delete」と記述します。

54 基準セルから相対的に参照する

(1) 基準となるセルから相対的に参照する

オブジェクト.Offset(行数, 列数)

`Range("A5").Offset(1, 0).Activate`

セルA5の1行下をアクティブにする

(2) 行数・列数の数え方

基準となるセルの下方向と右方向はプラスで、逆方向はマイナスとなります。

Offset(-1,-1)	Offset(-1,0)	Offset(-1,1)
Offset(0,-1)	基準セル	Offset(0,1)
Offset(1,-1)	Offset(1,0)	Offset(1,1)

(3) 利用例

`Cells(Rows.Count, 1).End(xlUp).Offset(1, 0).Value = "K005"`

A列の最下行から上方向の、最初のデータセルの1行下に「K005」と入力

55 セル範囲の変更

(1) セル範囲の変更

オブジェクト.Resize(行数, 列数)

```
Range("A1").Resize(1, 3).Font.Italic = True
```

セルA1を1行3列のセル範囲に変更して、フォントの斜体を設定する

(2) 利用例

```
Cells(Rows.Count, 1).End(xlUp).Offset(1, 0).Resize(1, 3) _
    .Borders.LineStyle = True
```

A列の最下行から上方向の最初のデータセルの1行下を、1行3列の大きさに変更して、罫線を設定する

56 フォント・フォントサイズの設定

フォント関係の操作は、Fontオブジェクトを利用します。

(1) フォントの設定

オブジェクト.Font.Name ＝ "フォント名"

```
Range("A1:C1").Font.Name = "HG創英角ポップ体"
```

セル範囲A1:C1のフォントを「HG創英角ポップ体」に設定する

※フォント名は、正しくないと実行されません。半角全角に注意します。Excelのフォントボックスからフォント名をコピーすると間違いがありません。

(2) フォントサイズの設定

オブジェクト.Font.Size ＝ 数値（1〜409）

```
Range("A1:C1").Font.Size = 20
```

セル範囲A1:C1のフォントサイズを20にする

57 太字・斜体・下線の設定

フォント関係の操作は、Fontオブジェクトを利用します。太字・斜体・下線の設定は、TrueかFalseだけです。

(1) 太字・斜体・下線の設定／解除

太字	オブジェクト.Font.Bold = True/False
斜体	オブジェクト.Font.Italic = True/False
下線	オブジェクト.Font.UnderLine = True/False

```
Range("A2:C2").Font.Bold = True
Range("A3:C5").Font.Italic = True
Range("A1").Font.Underline = False
```

セル範囲 A2:C2 のフォントに太字を設定する

セル範囲 A3:C5 のフォントに斜体を設定する

セル A1 のフォントの下線を解除する

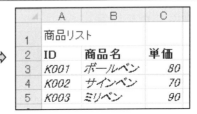

(2) 太字の自動設定／自動解除

Not演算子を使うと設定／解除を自動で実行します。Boldプロパティだけでなく、Italicプロパティ、UnderLineプロパティも同様に記述できます。

```
Range("A2:C2").Font.Bold = Not Range("A2:C2").Font.Bold
```

セル範囲 A2:C2 のフォントが標準だったら太字に、太字だったら解除する

58 色の設定

ColorIndexプロパティを使うと、セルや文字に色を付けられます。

(1) セルに塗りつぶしの色を設定する

オブジェクト.Interior.ColorIndex　=　色番号
Range("A1:C1").Interior.ColorIndex = 5
セル範囲A1:C1のセルの塗りつぶしの色番号を「5」に設定する

(2) 文字に色を設定する

オブジェクト.Font.ColorIndex　=　色番号
Range("A1:C1").Font.ColorIndex = 2
セル範囲A1:C1のフォントの色番号を「2」に設定する

(3) 標準色に戻す

塗りつぶしもフォントも色番号を「0」にします。

第3章　セルに関する操作

（4）色番号

色番号を使う方法は、Excel2003 以前でも同様に使えます。

番号	色	番号	色	番号	色
0	塗りつぶしなし	19	アイボリー	38	ローズ
1	黒	20	薄い水色	39	ラベンダー
2	白	21	濃い紫	40	ベージュ
3	赤	22	コーラル	41	薄い青
4	明るい緑	23	オーシャンブルー	42	アクア
5	青	24	アイスブルー	43	ライム
6	黄	25	濃い青	44	ゴールド
7	ピンク	26	ピンク	45	薄いオレンジ
8	水色	27	黄	46	オレンジ
9	濃い赤	28	水色	47	ブルーグレー
10	緑	29	紫	48	40％灰色
11	濃い青	30	濃い赤	49	濃い青緑
12	濃い黄	31	青緑	50	シーグリーン
13	紫	32	青	51	濃い緑
14	青緑	33	スカイブルー	52	オリーブ
15	25％灰色	34	薄い水色	53	茶
16	50％灰色	35	薄い緑	54	プラム
17	グレー	36	薄い黄	55	インディゴ
18	プラム	37	ペールブルー	56	80％灰色

（5）RGB値を利用する

微妙な色を指定できますが、Excel2003 以前では使えません。

オブジェクト.Color = RGB（赤, 緑, 青）

```
Range("A1:C1").Interior.Color = RGB(10, 153, 204)
```

セル範囲 A1:C1 のセルの塗りつぶしの色をRGB値で設定する

※RGB値は、0〜255 まで。（0,0,0）は黒を、（255,255,255）は白を、（255,0,0）は
赤を、（0,255,0）は緑を、（0,0,255）は青を表します。Excelの［色の設定］ダイ
アログボックスで調べることができます。

69

第3章　セルに関する操作

59　配置の設定

(1) 横位置／縦位置の設定

オブジェクト.HorizontalAlignment ＝ 設定値
オブジェクト.VerticalAlignment ＝ 設定値

Range("A1:C1").HorizontalAlignment = xlRight
Range("A1:C1").VerticalAlignment = xlBottom

セル範囲A1:C1のセルを右揃えに設定する
セル範囲A1:C1のセルを下揃えに設定する

(2) 設定値

横位置(HorizontalAlignment)	
定数	意味
xlGeneral(既定値)	標準
xlLeft	左揃え
xlCenter	中央揃え
xlRight	右揃え
xlFill	繰り返し
xlJustify	両端揃え
xlCenterAcrossSelection	選択範囲内で中央
xlDistributed	均等割り付け

縦位置(VerticalAlignment)	
定数	意味
xlTop	上揃え
xlCenter(既定値)	上下中央揃え
xlBottom	下揃え
xlJustify	両端揃え
xlDistributed	均等割り付け

（3）折り返して全体を表示と縮小表示

オブジェクト.WrapText = True/False
オブジェクト.ShrinkToFit = True/False

```
Columns("B").WrapText = True
```
```
Columns("A").ShrinkToFit = True
```

B列に、折り返して全体を表示の設定をする
A列に、縮小表示の設定をする

（4）横書き／縦書きの設定

オブジェクト.Orientation = xlHorizontal　　（横書き）
オブジェクト.Orientation = xlVertical　　（縦書き）

```
Range("A1:C1").Orientation = xlVertical
```

セル範囲 A1:C1 のセルを縦書きに設定する

60 罫線の設定

（1）罫線を引く

罫線を引くには、BordersコレクションまたはBorderオブジェクトに対して必要なプロパティを設定します。ここではLineStyleプロパティを取り上げました。

オブジェクト.Borders.LineStyle = True/False

Range("B2:C4").Borders.LineStyle = True

セル範囲B2:C4 に罫線を設定する

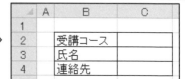

※設定値を「False」にすると罫線を削除できます。

（2）外枠罫線を引く

オブジェクト.BorderAround　Weight:=太さ

※必ず引数を指定します。そのほか、線種や色なども設定できます。

（3）線の種類

オブジェクト.Borders.LineStyle　=　設定値

【おもな設定値】

定数	意味	罫線
xlContinuous	実線	────────
xlDash	破線	------------
xlDashDotDot	2点鎖線	‐‐･‐‐･‐‐
xlDot	点線	············
xlDouble	二重線	════════
xlLineStyleNone	線なし	

(4) 線の色

```
オブジェクト.Borders.ColorIndex = 色番号
```

(5) 線の太さ

```
オブジェクト.Borders.Weight = 設定値
```

【設定値】

定数	意味	定数	意味
xlHairline	極細線	xlMedium	中線
xlThin	細線	xlThick	太線

(6) 位置の指定

```
オブジェクト.Borders(線の位置).LineStyle = True/False
```

【線の位置】

定数	意味	定数	意味
xlEdgeTop	上端の横線	xlEdgeBottom	下端の横線
xlEdgeLeft	左端の縦線	xlEdgeRight	右端の縦線
xlInsideHorizontal	内側の横線	xlInsideVertical	内側の縦線
xlDiagonalDown	左上がり斜線	xlDiagonalUp	右上がり斜線

※斜線を削除するには、ほかの線とは異なり、明示的にFalseを設定します。

(7) 利用例

```
Range("B2:C4").Borders(xlInsideHorizontal).LineStyle = xlDot
Range("B2:C4").BorderAround Weight:=xlMedium
Range("C4").Borders(xlDiagonalUp).LineStyle = True
```

セル範囲 B2:C4 の内側横線に点線を引く

外枠罫線に中線を引く

セルC4 に右上がり斜線を引く

61 数値の表示形式

NumberFormatプロパティ、NumberFormatLocalプロパティを使うと、セルの表示形式を設定できます。NumberFormatプロパティは多言語で使えますが、NumberFormatLocalプロパティは使用している言語に依存します。

(1) 数値にカンマとパーセントを付ける

オブジェクト.NumberFormat = "書式記号"
Range("C2:C4").NumberFormat = "#,##0円"
Range("D2:D4").NumberFormat = "0%"
セル範囲 C2:C4 の数値の表示形式にカンマと円を設定する
セル範囲 D2:D4 の数値の表示形式にパーセントを設定する

	A	B	C	D
1	ID	4月	5月	前月比
2	1	16,000	18000	1.125
3	2	21,000	20000	0.952
4	3	22,500	25000	1.111

	A	B	C	D
1	ID	4月	5月	前月比
2	1	16,000	18,000円	113%
3	2	21,000	20,000円	95%
4	3	22,500	25,000円	111%

(2) 書式記号

記号	意味	数値	表示形式	結果
0	数値1桁、0を補う	12.34	000.000	012.340
#	数値1桁、0を補わない	12.34	###.###	12.34
%	パーセント	0.1234	0.0%	12.3%

(3) 利用例

Range("A2:A4").NumberFormat = "K000"
セル範囲A2：A4 の数値の表示形式に、Kの文字と数値が3桁を設定する

	A	B	C	D
1	ID	4月	5月	前月比
2	1	16,000	18,000円	113%
3	2	21,000	20,000円	95%
4	3	22,500	25,000円	111%

	A	B	C	D
1	ID	4月	5月	前月比
2	K001	16,000	18,000円	113%
3	K002	21,000	20,000円	95%
4	K003	22,500	25,000円	111%

62 日付の設定

(1) 日付の設定

オブジェクト.NumberFormat ＝ "書式記号"

Range("A2").NumberFormat = "mm/dd"

Range("A3").NumberFormat = "yyyy/m/d"

Range("A4").NumberFormat = "m月d日(aaa)"

セルA2 の日付に 2 桁の月日の表示形式を設定する
セルA3 の日付に西暦と 1 桁の月日の表示形式を設定する
セルA4 の日付に○月○日（曜）の表示形式を設定する

	A	B
1	日付	表示形式
2	10月1日	mm/dd
3	10月2日	yyyy/m/d
4	10月3日	m月d日(aaa)

	A	B
1	日付	表示形式
2	10/01	mm/dd
3	2018/10/2	yyyy/m/d
4	10月3日(水)	m月d日(aaa)

(2) 書式記号

記号	意味	数値	表示形式	結果
y	西暦	2018/10/1	yy/m/d yyyy年	18/10/1 2018 年
m	月 英語の月	2018/10/1	m月 mmm、mmmm	10 月 Oct、October
d	日 英語の曜日	2018/10/1	dd日 ddd、dddd	01 日 Mon、Monday
a	曜日	2018/10/1	aaa、aaaa	月、月曜日
g	和暦	2018/10/1	ge.m.d gge.m.d ggge.m.d ggge年m月d日	H30.10.1 平 30.10.1 平成 30.10.1 平成 30 年 10 月 1 日

第 3 章　セルに関する操作

63　セルのコメント

（1）セルのコメント追加

オブジェクト.AddComment　Text:="文字"

※Text:= は、省略できます。
※1つのセルには1つしか設定できません。

（2）コメントの表示／非表示

オブジェクト.Comment.Visible = True/False

※コメントを追加しただけでは、False になります。そのセルにマウスを乗せると
　表示されます。
※常に表示するには、True にします。

（3）コメントのクリア

オブジェクト.ClearComments

（4）利用例

```
With Range("A1")
    .ClearComments
    .AddComment Date & vbCrLf & "作業開始"
    .Comment.Visible = True
    .Comment.Shape.TextFrame.AutoSize = True
End With
```

セルA1 に対して
　　コメントをクリア
　　日付と文字列をコメントに追加
　　コメントを常に表示
　　コメントの枠を自動調整
終わり

※AddComment は、すでにコメントのあるセルに実行するとエラーになります。
　ここでは、はじめにコメントをクリアしているので、エラーにならずに実行でき
　ます。

76

第4章　関数

第4章 関数

64 日付を表す

(1) 日付を表す

```
Now
Date
Time
```

```
Range("B1").Value = Now

Range("B2").Value = Date

Range("B3").Value = Time
```

セルB1 に、現在のシステムの日付と時刻を表示する
セルB2 に、現在のシステムの日付を表示する
セルB3 に、現在のシステムの時刻を表示する

	A	B
1	Now	
2	Date	
3	Time	

	A	B
1	Now	2018/8/14 21:14
2	Date	2018/8/14
3	Time	9:14:37 PM

※Now関数、Date関数、Time関数に引数はありません。

(2) 表示形式と組み合わせる

```
Range("B1").Value = Format(Now, "m月d日(aaa)")

MsgBox "今年は、西暦" & Format(Now, "yyyy年です")
```

セルB1 に、現在のシステムの日付をm月d日（曜）の形式で表示する
「今年は、西暦ｘｘｘｘ年です」とメッセージボックスで表示する

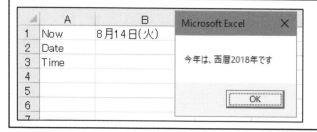

65 日付を取り出す

(1) 日付を取り出す

Year（日付）
Month（日付）
Day（日付）

Range("B2").Value = Year(Range("A2").Value)

Range("C2").Value = Month(Range("A2").Value)

Range("D2").Value = Day(Range("A2").Value)

セルB2 に、A2 の日付の年を取り出す
セルC2 に、A2 の日付の月を取り出す
セルD2 に、A2 の日付の日を取り出す

	A	B	C	D
1	誕生日	年	月	日
2	1992/1/25			

	A	B	C	D
1	誕生日	年	月	日
2	1992/1/25	1992	1	25

(2) 時間を取り出す

Hour（時間）
Minute（時間）
Second（時間）

MsgBox "今、" & Hour(Now) & "時です"

現在の時刻をメッセージボックスで表示する

第 4 章　関数

66　文字列を数える

(1) 文字列を数える

Len(文字列)

```
Range("C2").Value = Len(Range("B2").Value)
Range("C3").Value = Len(Range("B3").Value)
```

セルC2 に、B2 の文字数を表示する
セルC3 に、B3 の文字数を表示する

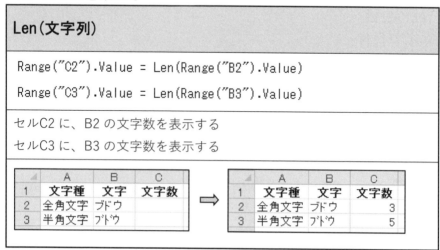

※半角全角を問わずに文字数を取り出します。
※半角カタカナの場合、濁点は1文字分と数えます。

(2) 利用例

```
Dim Pass As String

Pass = InputBox("IDを入力してください")
If Len(Pass) > 4 Then
    MsgBox "4文字を超えています"
End If
```

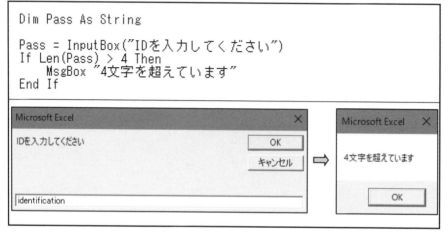

67 文字列の一部を取り出す

(1) 左から文字を取り出す

Left(文字列, 文字数)

`Range("B2").Value = Left(Range("A2"), 4)`

セルB2に、A2の文字を左から4文字分取り出す

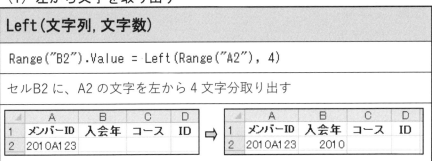

(2) 右から文字を取り出す

Right(文字列, 文字数)

`Range("D2").Value = Right(Range("A2"), 3)`

セルD2に、A2の文字を右から3文字分取り出す

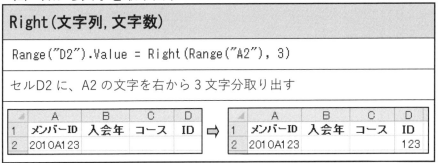

(3) 途中から文字を取り出す

Mid(文字列, 開始位置, 文字数)

`Range("C2").Value = Mid(Range("A2"), 5, 1)`

セルC2に、A2の文字の5文字目から1文字分取り出す

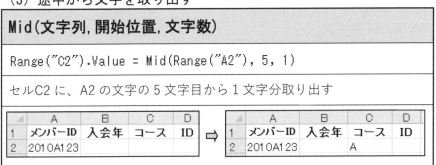

※Mid関数では、引数の文字数を省略すると、開始位置より右すべてを取り出します。

68 不要な空白を削除する

(1) 左右の空白を削除する

Trim(文字列)
LTrim(文字列)
RTrim(文字列)

```
Range("B1").Value = "    東京都    港区    "
Range("B2").Value = Trim(Range("B1").Value)
Range("B3").Value = LTrim(Range("B1").Value)
Range("B4").Value = RTrim(Range("B1").Value)
```

セルB1に、「　　東京都　　港区　　」の文字を入力

セルB2に、B1の文字列の両端の空白を削除したものを入力

セルB3に、B1の文字列の左の空白を削除したものを入力

セルB4に、B1の文字列の右の空白を削除したものを入力

	A	B
1	文字列	
2	両端の空白	
3	左の空白	
4	右の空白	

	A	B
1	文字列	東京都　港区
2	両端の空白	東京都　港区
3	左の空白	東京都　港区
4	右の空白	東京都　港区

(2) 文字中の空白を削除する

Replace(文字列," ","")

```
Range("B5").Value = Replace(Range("B1").Value," ","")
```

セルB5に、B1の文字列の空白をすべて削除したものを入力

	A	B
1	文字列	東京都　港区
5	不要な空白	

⇒

	A	B
1	文字列	東京都　港区
5	不要な空白	東京都港区

※全角空白、半角空白は区別します。混在している場合は、それぞれに処理が必要です。

第4章 関数

69 文字列を置き換える

(1) 文字列をほかの文字列に置き換える

Replace(文字列, 検索文字, 置換文字)

```
Range("B1").Value = Replace(Range("A1").Value, "北区", "港区")
```

セルB1に、A1の文字列の「北区」を「港区」に置き換えて入力

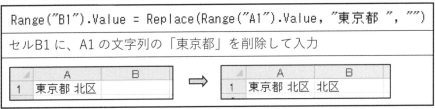

※Replaceメソッドとの違いに注意してください（下部コラム参照）。

(2) 文字列を削除する

```
Range("B1").Value = Replace(Range("A1").Value, "東京都 ", "")
```

セルB1に、A1の文字列の「東京都」を削除して入力

(3) 空白を改行に置き換える

```
Range("B1").Value = Replace(Range("A1").Value, " ", vbCrLf)
```

セルB1に、A1の文字列の半角空白を改行する定数に置き換えて入力

	A	B
1	東京都 北区	
2		

⇒

	A	B
1	東京都 北区	東京都 北区

◆セル内で置き換えるReplaceメソッド

　ほかのセルに取り出すのではなく、セル内で置き換える場合は、Replaceメソッドを使います。「Range("A1").Replace "北区", "港区"」と記述すれば、元のセル内で置き換えられます。
　Replaceメソッドでは、セル範囲を一挙に置換することもできます。

83

70 文字種を変換する

(1) 文字種を変換する

StrConv(文字列, 文字種)

```
Range("B2").Value = StrConv(Range("B1"), vbLowerCase)
Range("B3").Value = StrConv(Range("B1"), vbKatakana + vbNarrow)
```

セルB2に、B1の文字列を小文字に変換して入力
セルB3に、B1の文字列をカタカナ＋半角文字に変換して入力

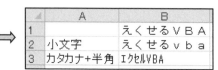

※変換の必要ない文字は変換されません。
※矛盾しない変換は、「＋」で定数をつなげることができます。

(2) おもな文字種の定数

定数	意味
vbUpperCase	大文字に変換
vbLowerCase	小文字に変換
vbProperCase	先頭文字を大文字に変換
vbWide	全角文字に変換
vbNarrow	半角文字に変換
vbKatakana	カタカナに変換
vbHiragana	ひらがなに変換

71　指定した書式で取り出す

(1) 指定した書式で取り出す

Format(値, "書式記号")

Range("B1").Value = Format(Range("A1"), "#,##0")
MsgBox Format(Range("A1"), "#,##0円です")

セルB1に、A1の数値にカンマを付けて取り出す
セルA1の数値に、カンマと「円です」の文字を付加してメッセージボックスで表示する

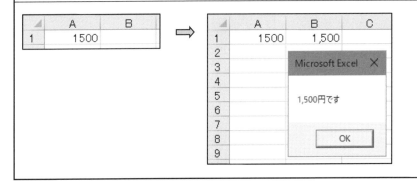

(2) 書式記号
　書式記号は、NumberFormatプロパティで使われるものとほぼ同様です。

◆ #（ナンバー・井桁）と ♯（シャープ）の違い

　見た目はよく似ていますが、#と♯は異なります。数値で使うのは#（ナンバー・井桁（いげた））です。横棒は水平ですが、縦棒が斜めになっています。それに対して、♯（シャープ）は、縦棒が垂直で、横棒が斜めになっています。読み方を混同している人が多いので、きちんと区別するようにしましょう。

第4章　関数

72　文字を検索する

（1）文字を検索する

InStr(文字列, 検索文字列)
MsgBox "県は、" & InStr(Range("A1"), "県") & "文字目にあります"
セルA1の県の文字が何文字目にあるかメッセージボックスで表示する

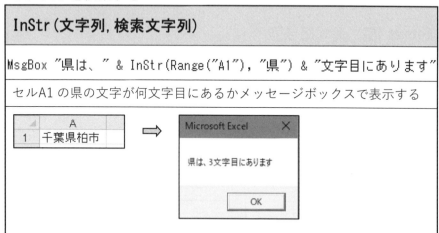

※InStr関数では、検索された文字の最初の位置を返します。もし検索されなかったら「0」となるので、ある文字があるかどうか調べるときにも使えます。

（2）利用例

```
Dim Ken As Long

Ken = InStr(Range("A1").Value, "県")
Range("B1").Value = Left(Range("A1"), Ken)
Range("C1").Value = Mid(Range("A1"), Ken + 1)
```

変数Kenを長整数型で宣言
変数Kenに、セルA1の県の文字のある位置を代入（Ken=3となる）
セルB1に、A1の左から変数Kenの数値分3文字を取り出す
セルC1に、Aの変数Ken＋1（4番目）の位置から残りの文字を取り出す

73 セルを検索する

(1) セルを検索する

Find(データ)

Cells.Find("上野").Select

「上野」というセルを選択する

※Find関数の引数には様々なものがありますが複雑になるので、ここでは、省略できない引数「What」だけを取り上げました。引数名を省略しない場合、「Cells.Find(What:="上野")」のように書きます。

(2) 利用例

Find関数では、見つからなかった場合、Nothingが返ります。何もしないとエラーになるので、Ifステートメントを使って処理します。

```
Dim myCell As Range

Set myCell = Cells.Find("上野")
If myCell Is Nothing Then
    MsgBox "ありませんでした"
Else
    myCell.Interior.ColorIndex = 6
    MsgBox myCell.Address
End If
```

変数をRange型で宣言

変数に「上野」を探した結果を代入

もし、Nothingが返ってきたら、
「ありませんでした」と表示

そうでなければ、
塗りつぶしの色を設定

アドレスを表示

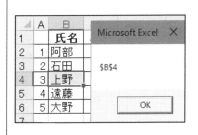

74 文字列の数字を数値に変換する

(1) 文字列の数字を数値に変換する

Val（文字列）

```
Range("B1").Value = Val(Range("A1").Value)
Range("B2").Value = Val(Range("A2").Value)
```

セルB1 に、A1 の文字列のうち数字を数値として取り出す
セルB2 に、A2 の文字列のうち数字を数値として取り出す

※Val関数では、左から数値とみなせる部分だけ取り出します。数字以外の文字を見つけるとそれより右を削除します。セルA2 では、「1,000 円」のうちのカンマが文字列なので、その直前の数字のみ取り出します。もし数値に変換できない場合は、「0」となります。

(2) 全角数字を数値にする

まず、全角数字を半角数字にしてから処理します。

```
Range("B3").Value = Val(StrConv(Range("A3").Value, vbNarrow))
```

セルB3 に、A3 の全角数字を半角数字にしてから数値として取り出す

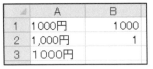

第4章　関数

75　数値かどうかチェックする

(1) 数値かどうかのチェック
数値であればTrueを、数値でなければFalseのどちらかを返します。

IsNumeric(データ)

```
Range("B1").Value = IsNumeric(Range("A1").Value)
Range("B2").Value = IsNumeric(Range("A2").Value)
```

セルB1に、A1のデータが数値かどうかを判断して結果を表示する
セルB2に、A2のデータが数値かどうかを判断して結果を表示する

	A	B
1	¥1,000	
2	1000円	

	A	B
1	¥1,000	TRUE
2	1000円	FALSE

(2) 利用例

```
Dim i As Long

For i = 1 To 4
    If IsNumeric(Cells(i, 1).Value) = False Then
        Cells(i, 2).Value = "文字列です"
    End If
Next i
```

変数iを長整数型で宣言
4回繰り返す（セルA1からA4まで）
A列の値が数値でなかったら、B列に「文字列です」と表示する

	A	B
1	¥1,000	
2	1000円	
3	1000円	
4	1000円	

	A	B
1	¥1,000	
2	1000円	文字列です
3	1000円	文字列です
4	1000円	

第4章　関数

76　小数を切り捨てる

(1) 小数を切り捨てる

Int(数値)
Range("C4").Value = Int(Range("A4").Value * Range("B1").Value)
セルC4に、A4の価格にB1の割引率をかけて小数を切り捨てて取り出す

(2) 負の小数を切り捨てる

　マイナスの数値に対しては、Int関数は引数の数値を超えない値となります。たとえば、「Int（-7.5）」とした場合、「-8」となります。「-7」を取り出したいときは、Fix関数を使います。書式は同じです。

MsgBox Int(-7.5) & vbCrLf & Fix(-7.5)
-7.5の小数の切り捨てを、Int関数とFix関数を使ってメッセージボックスで表示する

※数値の絶対値を取り出すには、「Abs関数」を使います。書式は同じです。たとえば、「Abs(-7.5)」とした場合、「7.5」となります。

77 乱数を取得する

(1) 乱数を取得する

Rnd
| ```
Randomize
Range("B1").Value = Rnd
``` |
| 乱数を初期化する |
| セルA2に、乱数を取り出す |

※Rnd関数には特に引数は必要ありません。
※Rnd関数では、0以上1未満の値が返ります。
※Rnd関数の前には、Randmizeステートメントを書きます。書かなくても実行できますが、ブックを開くたびに、最初に同じ数値が出現するのを防ぐためです。

(2) 指定した乱数を取得する

| ```
Randomize
Range("B2").Value = Int((6 * Rnd) + 1)
Range("B3").Value = Int(((99 - 10 + 1) * Rnd) + 10)
``` |
|---|
| 乱数を初期化する |
| セルB2に、1から6までの乱数を取り出す |
| セルB3に、2桁（10から99まで）の乱数を取り出す |

※Int((最大値 − 最小値 + 1) * Rnd + 最小値)で、指定した範囲の乱数を取得できます。

78 ワークシート関数を使う

使い慣れたExcelのワークシート関数をVBAで使うことができます。

(1) ワークシート関数を使う

WorksheetFunction.ワークシート関数(引数)

MsgBox "数値のセルは、" & _
    WorksheetFunction.Count(Range("A1:A4")) & "個です"

ExcelのCount関数を使って、セル範囲A1：A4 に含まれる数値の個数を調べて、その結果をメッセージボックスで表示する

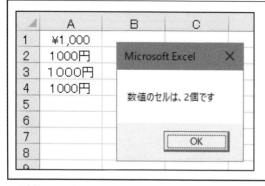

※引数のアドレスは、Rangeオブジェクトを使います。

(2) 使えるワークシート関数を調べる

VBAでは使えないワークシート関数がありますが、使えるかどうかは、入力中に確認することができます。

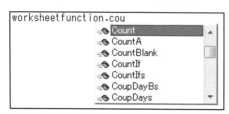

第5章 シート・ブック・印刷

79 シートの参照／選択

(1) アクティブなワークシート

ActiveSheet

MsgBox ActiveSheet.Name

アクティブなワークシートの名前をメッセージボックスで表示する

(2) ワークシートを指定

Worksheets(インデックス番号)
Worksheets("シート名")

Worksheets(3).Select

Worksheets("Sheet2").Activate

ワークシートの左から3番目を選択する……①
「Sheet2」のシートをアクティブにする……②

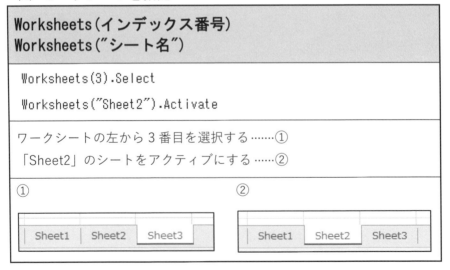

第5章　シート・ブック・印刷

(3) シートを切り替えないでほかのシートを操作

```
Worksheets("Sheet2").Range("A1").Value = "マクロ"
```

Sheet2 のセルA1 に「マクロ」と入力する

Sheet1 を選択した状態で実行　　　　Sheet2 を開いて確認

	A	B	C
1			
2			
3			

Sheet1　Sheet2

⇒

	A	B	C
1	マクロ		
2			
3			

Sheet1　Sheet2

※VBAでは、ワークシートを指定しなければ、アクティブなシートに対して操作を
　実行します。

(4) シートを選択／アクティブにする

Worksheets(インデックス番号/"シート名").Select
Worksheets(インデックス番号/"シート名").Activate
Worksheets.Select ・・・すべてのシートを選択

◆Sheetsコレクションを利用する場合

　Sheetsは、ワークシート、グラフシートのどちらも含みます。
　シート名を指定する場合は、WorksheetsでもSheetsでもどちらを利用
しても構いません。また、グラフシートがない場合もどちらを利用して
も差し支えありません。一方、インデックス番号を使う場合は、グラフ
シートも含めて左からカウントしますので、注意が必要です。
　マクロ記録を行った場合は、下図のようにSheetsが使われます。

```
Sub Macro1()
'
' Macro1 Macro
'
'
    Sheets("Sheet3").Select
End Sub
```

95

80 シートの追加

(1) シートの追加

Worksheets.Add
Worksheets.Add
シートを追加する

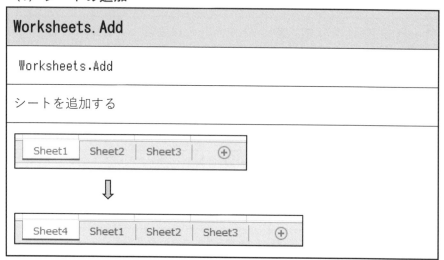

※引数を指定しなければ、アクティブなシートの前に追加されます。

(2) 枚数と位置を指定して追加する

Worksheets.Add　Before/After:=シート名,　Count:=枚数
Worksheets.Add Before:=Worksheets("Sheet1"),Count:=2
Sheet1 の前に 2 枚シートを追加する

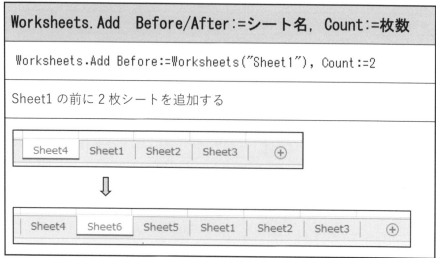

※BeforeとAfterは同時には使えません。

81 シートの名前

(1) シートの名前を変更する

Worksheets(インデックス番号/"シート名").Name = "名前"
Worksheets("Sheet1").Name = "マクロ"
Sheet1 の名前を「マクロ」に変更する

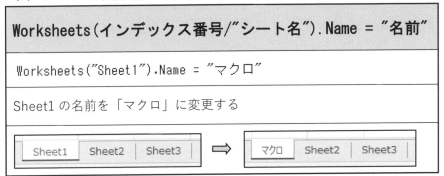

(2) 新しいシートを追加すると同時に名前を付ける

Worksheets.Add.Name = "Excel"
「Excel」という名前のシートをアクティブなシートの左に追加する

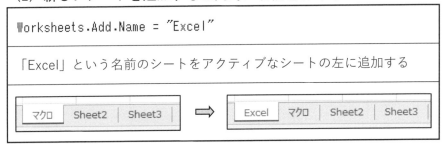

(3) 利用例

```
Dim i As Long

For i = 1 To 2
    Worksheets(i).Name = Worksheets(i).Name & "VBA"
Next i
```

変数iを長整数型で宣言する

2回繰り返す（左のシートから2枚）

シート名に「VBA」という文字を追加する

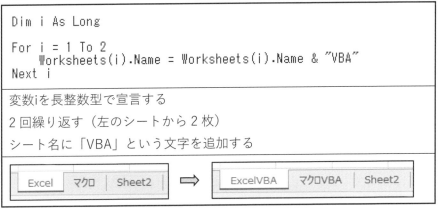

82 シートのコピー／移動

(1) シートのコピー

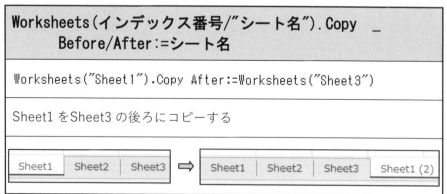

※コピーすると、そのシートがアクティブになります。
※引数を指定しないと、新しいブックが開かれ、そこにコピーされます。

(2) シートの移動

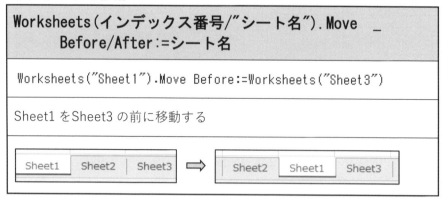

> ◆引数の自動変換
>
> キーワードなどは自動で先頭が大文字に変換されますが、引数のBeforeやAfterなどは変換されません。小文字のままでも動作にはまったく問題ありませんが、大文字にしておいた方がわかりやすいでしょう。

第 5 章 シート・ブック・印刷

83　シート数の取得

(1) シート数の取得

Worksheets.Count

```
MsgBox Worksheets.Count
```

すべてのワークシート数をメッセージボックスで表示する

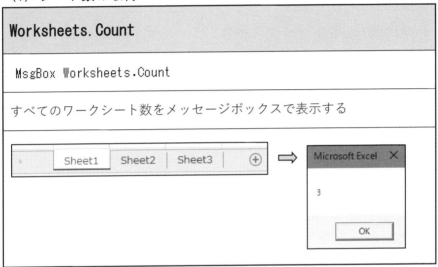

(2) 利用例

```
Dim i As Long

For i = 1 To Worksheets.Count
    Worksheets(i).Name = i & "月"
Next i
```

変数iを長整数型で宣言する

シートの枚数まで繰り返す

シートの名前を、左から「変数i＋月」とする

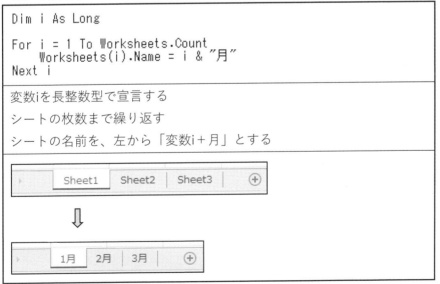

84　シートの削除

(1) シートの削除

Worksheets(インデックス番号/"シート名").Delete

Worksheets("Excel").Delete

※これを実行すると、シートを削除するかどうかの確認メッセージが表示されてしまうので、マクロとしては具合がよくありません。そこで確認メッセージを一時的に表示されないようにする必要があります。

(2) 確認メッセージを表示させないでシートを削除する

Application.DisplayAlerts = False

Worksheets("Excel").Delete

Application.DisplayAlerts = True

確認メッセージを表示させないようにする
Excelシートを削除する
確認メッセージの設定を元に戻す

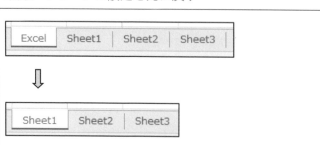

※確認メッセージを非表示にした後は、直後に元に戻す必要があります。「False」のままだと、ほかの確認・警告メッセージも表示されないので、思わぬトラブルの原因になるかもしれません。必ず「True」に戻してください。

第5章　シート・ブック・印刷

85 シートの印刷

(1) シートの印刷／印刷プレビューの表示

```
Activesheet.PrintOut
Application.CommandBars.ExecuteMso _
                      "PrintPreviewAndPrint"
```

```
MsgBox Application.ActivePrinter
Application.CommandBars.ExecuteMso "PrintPreviewAndPrint"
```

現在のプリンター名を表示する

アクティブシートの印刷プレビューを表示する

※アクティブシートのほか、セル範囲も指定できます。

(2) プリンターを指定する

　現在のプリンターではなくて、ほかのプリンターを使用する場合は、あらかじめプリンター名を取得しておく必要があります。

　【プリンター名の取得】

① Excelの［ファイル］タブから［印刷］をクリックして、プリンターを選びます。

② イミディエイトウィンドウ(p.111参照)に、「?Application.ActivePrinter」と入力して【Enter】キーを押すとプリンター名が表示されます。
または、「Range("A1").value = Application.ActivePrinter」を実行してもプリンター名を取得できます。

(3) 印刷プレビューを表示せずに印刷する

　すぐに印刷する場合、次のようなコードを記述します。

```
ActiveSheet.PrintOut                            '①
ActiveSheet.PrintOut ActivePrinter:="プリンター名"   '②
```

① プリンター名を指定しなければ、現在のプリンターで印刷されます。

② プリンター名を指定する場合、「on Ne05」のようなポート番号は不要です。

101

第5章　シート・ブック・印刷

86 ブックの参照

（1）現在のブックを参照する

ActiveWorkbookは現在Excelで表示されているブック、ThisWorkbookはそのコードが記述されているブックを参照します。

ActiveWorkbook
ThisWorkbook

```
MsgBox ActiveWorkbook.Name & vbCrLf & ThisWorkbook.Name
```

アクティブなブックの名前と、このコードが記述されているブックの名前をメッセージボックスで表示する

（2）新しいブックを追加する

Workbooks. Add

```
Workbooks.Add
ActiveWorkbook.Worksheets("Sheet1").Range("A1").Value = "VBA"
```

新しいブックを追加する
新しいブックのSheet1 のセルA1 に「VBA」と入力する

※ブックを新規作成すると、アクティブになります。

（3）ほかのブックを参照する

Workbooks（インデックス番号/ブック名）

```
Workbooks("test.xlsx").Worksheets("Sheet1") _
    .Range("A1").Value = Workbooks(1).Name
```

testというブックのSheet1 のセルA1 に、最初に開かれたブックの名前を入力する

※「test」ブックが開かれていないとエラーになります。

102

第5章　シート・ブック・印刷

87 ブックを開く

(1) ブックを開く

Workbooks.Open　FileName:="ファイル名"
Workbooks.Open Filename:="C:¥TEST¥test.xlsx"
CドライブのTESTフォルダーにあるtestという名前のブックを開く

※パス名を指定しなければ、カレントフォルダー（Excelで現在使用しているフォル
　ダー）にあるブックを開きます。

(2) エラーを回避する

　指定したファイルがなかった場合、エラーとなってしまいます。その回
避策として、①そのファイル名があるかどうか調べる方法と、②エラーに
なった場合のメッセージをあらかじめ指定する方法があります。

①	```
	If Dir("C:¥TEST¥test.xlsx") = "" Then
	    MsgBox "そのブックはありません"
	Else
	    Workbooks.Open Filename:="C:¥TEST¥test.xlsx"
	End If
	``
	CドライブのTESTフォルダーのtestブックがなければ
	「そのブックはありません」とメッセージ表示する
	あればそのブックを開く

②	```
	    On Error GoTo errMessage
	    Workbooks.Open Filename:="C:¥TEST¥test.xlsx"
	    Exit Sub
	errMessage:
	    MsgBox "そのブックはありません"
	``
	エラーの場合はerrMessageというラベルにジャンプしなさい
	CドライブのTESTフォルダーのtestブックを開く
	プロシージャを終了する
	errMessageというラベル
	「そのブックはありません」とメッセージ表示する

※Dir関数は、ファイルを検索する関数です。

103

第5章 シート・ブック・印刷

88 ブックの保存先を調べる

（1）ブックの保存先を調べる

| Workbookオブジェクト.Path・・・・・・パスを取得 |
| Workbookオブジェクト.FullName・・・・パスと名前を取得 |

```
Range("A1").Value = Workbooks("test.xlsx").Path
Range("A2").Value = ActiveWorkbook.FullName
```

セルA1に「test」ブックのパスを入力する

セルA2にアクティブなブックのパスと名前を入力する

	A	B
1		
2		
3		

	A	B
1	C:\TEST	
2	C:\TEST\test.xlsx	
3		

※開かれていないブックではエラーになります。

※「Workbookオブジェクト.Name」とすると、アクティブなブックの名前を取得できます。

（2）カレントフォルダーを調べる

　カレントフォルダーは、普通、Excelのオプションの［保存］で［指定された既定のローカルファイルの場所］を指します。Excelからブックを開いたり保存したりするとそのフォルダーになります。起動直前に閉じたときのカレントフォルダーがそのまま次のカレントフォルダーになっていることもあるので、注意して使いましょう。

| CurDir |

```
MsgBox CurDir
```

Excelのカレントフォルダーをメッセージボックスで表示する

※カレントフォルダーではなく、現在のアクティブなブックのフォルダーを取得するには、「MsgBox ActiveWorkbook.Path」とします。

第5章　シート・ブック・印刷

89　ブックの保存

(1) 名前を付けて保存

Workbookオブジェクト.SaveAs _
　　　Filename:="ファイル名", FileFormat:=設定値

```
ActiveWorkbook.SaveAs Filename:="D:\TEST\data", _
    FileFormat:=xlOpenXMLWorkbookMacroEnabled
```

アクティブなブックをDドライブのTESTフォルダーに「data」という名前でマクロ有効ブックとして保存する

※保存先を指定しなければ、カレントフォルダーに保存されます。

※ファイル形式を指定しなければ、通常のExcelブック（.xlsx）として保存されます。

(2) 引数FileFormatのおもな設定値

定数	意味	拡張子
xlOpenXMLWorkbook	Excelブック	.xlsx
xlExcel8	Excel97-2003 ブック	.xls
xlOpenXMLWorkbookMacroEnabled	Excelマクロ有効ブック	.xlsm
xlCSV	カンマ区切り	.csv
xlText	テキスト（タブ区切り）	.txt

(3) 上書き保存

Workbookオブジェクト.Save

```
ActiveWorkbook.Save
```

アクティブなブックを上書き保存する

105

第5章　シート・ブック・印刷

90 ブックを閉じる

（1）ブックを閉じる

```
Workbookオブジェクト.Close SaveChanges:=True/False, _
    Filename:="ファイル名"
```

```
ActiveWorkbook.Close True
```

アクティブなブックを上書き保存して閉じる

※設定値をFalseにすると、上書き保存しないで閉じます。
※設定値を省略すると上書き保存するかどうかのメッセージが表示されます。

（2）名前を付けてから閉じる

```
ActiveWorkbook.Close SaveChanges:=True, Filename:="C:¥TEST¥ren"
```

アクティブなブックをCドライブのTESTフォルダーに「ren」という名前
で保存して閉じる

（3）すべてのブックを閉じる

　すべてのブックを閉じる場合は、引数を指定できません。そのため、変
更のあったブックは、保存するかどうかのメッセージが表示されてしまい
ます。次のようにするとすべてのブックを上書き保存後に閉じます。

```
Dim wB As Workbook
For Each wB In Workbooks
    wB.Save
Next
Workbooks.Close
```

変数をWorkbook型で宣言

すべてのブックで

　　上書き保存する

繰り返す

すべてのブックを閉じる

※「Workbooks.Close」を「Application.Quit」にすると、Excelを閉じることがで
　きます。

106

第6章　マクロの実行とデバッグ

91　実行ボタンの作成

　そのシートに対するマクロを実行するときは、シート上に実行ボタンがあると大変便利です。うっかりシートを間違えることもありません。

① Excelの［開発］タブの［コントロールの挿入］-［ボタン］をクリック。

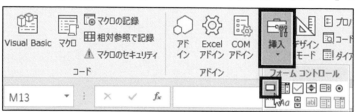

② シート上をドラッグ。
③ マクロの保存先を「作業中のブック」にし、マクロを指定して［OK］をクリック。

④ ボタンに表示された文字を変更して【Esc】キーか、ボタン以外をクリック。
⑤ ボタンをクリックすると、マクロが実行されます。

※ボタンを右クリックすると、表示文字の修正やマクロの変更ができます。
※同様に、任意の図形にも設定できます。

92 クイックアクセスツールバーへの登録

シートにこだわらないものは、Excelのクイックアクセスツールバーにマクロボタンを登録すると便利です。どのシートからもマクロを実行できます。

① クイックアクセスツールバーを右クリックし、[クイックアクセスツールバーのユーザー設定]をクリック。右端にある▼から[その他のコマンド]をクリックしてもよい。
② 下の図のように、ブックを選択(A)、マクロを選択(B)、マクロ名を選択(C)、[追加]をクリック(D)。

※ブックを選択しなかった場合、すべてのExcelブックに適用されます。

③ 上の図で、追加されたマクロを選択(E)、[変更]をクリック(F)すると、ボタンのアイコンや表示名を変更できる。

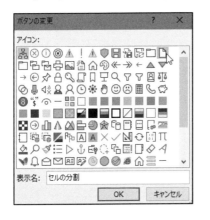

第6章　マクロの実行とデバッグ

93　ショートカットキーの設定

　マクロにショートカットキーを設定することができます。ただし、一般的に使われているショートカットキーと同じキーを設定した場合、こちらが優先されて本来のショートカットキーが使えなくなるので注意が必要です。

① Excelの［開発］タブの［マクロの表示］をクリック
② マクロ名を選択して、［オプション］をクリック

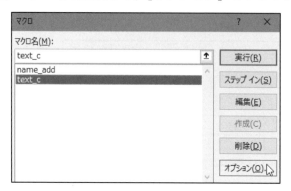

③ ほかと重複しないよう、キーを入力

※【Shift】キーを押しながら入力すると大文字になり、重複の心配が減ります。
※これで、ショートカットキーを使ってマクロを実行できるようになります。忘れないように注意しましょう。
※ショートカットキーを削除するには、③の図で入力したキーを削除します。

94 イミディエイトウィンドウの利用

プロシージャを作成しなくても、値の取得や簡単な命令を実行できるのがイミディエイトウィンドウです。

VBEの［表示］メニューの［イミディエイトウィンドウ］をクリックすると、コードウィンドウの下部に表示されます。【Ctrl】キー＋【G】キーを押しても表示されます。

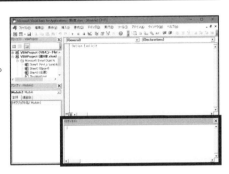

(1) イミディエイトウィンドウの操作

先頭に「?」を付けて入力し、【Enter】キーを押すと、次の行に結果が表示されます。IfやForなどの複数行にわたるコードを書きたいときは、「:」でつなげて1行にします。また、変数を使うときは宣言の必要はありません。

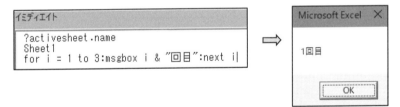

(2) イミディエイトウィンドウへの表示

プロシージャから表示させるときは「Debug.Print」を使います。

Debug.Print Worksheets.Count
ワークシートの枚数をイミディエイトウィンドウに表示する

◆ステップ実行中に値を確認する（自動データヒント）

ステップ実行中に変数名などの上にマウスポインターを合わせると、値を確認できます。

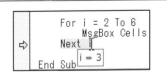

第6章　マクロの実行とデバッグ

95 ブレークポイントの設定

　マクロの動作確認やデバッグを行う際に、1行ずつ実行するステップ実行（【F8】キー）がありますが、途中まで一気に実行して一時停止する方法もあります。ブレークポイントは、複数設定することもできます。

① 一時停止する行の余白インジケータバーをクリック（茶色に反転する）

```
(General)                              ▼   Bpoint

   Sub Bpoint()

      Dim n1 As Long, n2 As Long

      If Range("A1").Value = "" Or Range("A2").Value = "" Then
         MsgBox "入力してください"
      Else
         n1 = Range("A1").Value
         n2 = Range("A2").Value
         Range("A4:A9").ClearContents
         With Range("A4")
            .Value = n1 + n2
●           .Offset(1, 0).Value = n1 - n2
            .Offset(2, 0).Value = n1 * n2
            .Offset(3, 0).Value = n1 / n2
            .Offset(4, 0).Value = n1 ¥ n2
            .Offset(5, 0).Value = n1 Mod n2
         End With
      End If
```

② 【F5】キーを押して実行すると、ブレークポイントが黄色く反転し、一時停止する。この直前までが実行されている。黄色く反転した行はこれから実行する行を意味する。

```
            .Value = n1 + n2
⇨           .Offset(1, 0).Value = n1 - n2
            .Offset(2, 0).Value = n1 * n2
```

③ 【F8】キーを押してステップ実行する。【F5】キーを押して一気に実行することもできる。ブレークポイントを複数設定した場合は、【F5】キーを押していくとブレークポイントごとにストップする。

```
            .Value = n1 + n2
●           .Offset(1, 0).Value = n1 - n2
            .Offset(2, 0).Value = n1 * n2
⇨           .Offset(3, 0).Value = n1 / n2
            .Offset(4, 0).Value = n1 ¥ n2
```

④ ブレークポイントを解除するには余白インジケータバーの●をクリックする。

※プロシージャの実行を途中でやめるには、［実行］メニューの［リセット］か、標準ツールバーの 🔲 ［リセット］をクリックします。

112

96 デバッグ

デバッグとは、プログラムのエラーを探し出して修正することです。

(1) エラーの種類

エラー	内容
コンパイルエラー	言語の文法上のエラー。VBAでは、入力中にエラーが表示されるのですぐに修正できる。表示されないエラーは、実行前にコンパイルしてチェックすることができる。
実行時エラー	プログラムを実行したときに初めて発生するエラー。
論理エラー	プログラム的には全く問題ないが、考え方が間違っているエラー。(例) 20 未満を 20 以下としてしまった。

(2) エラーを出さないために
1. 事前の設計をしっかり行う。
2. 適切なコーディングを行う。
3. イミディエイトウィンドウを使ってチェックする。
4. ブレークポイントを使ってチェックする。
5. 実行前にコンパイルしてみる。

(3) エラーが発生したら
1. エラーメッセージが表示されたら、デバッグモードにしてチェックする。
2. イミディエイトウィンドウやブレークポイントなどを有効活用する。

(4) 実行前にコンパイルするには

VBEの[デバッグ]メニューの[VBAのコンパイル]をクリックします。エラー個所が青く反転してエラーメッセージが表示されます。

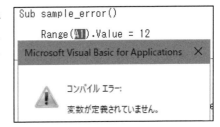

第 6 章　マクロの実行とデバッグ

97　エラー回避

　エラーを回避する方法はいくつかありますが、ここでは、安全に終了させる方法と、エラーがあってもプログラムを停止させない方法を紹介します。

(1) 安全に終了させる方法

```
On Error GoTo 行ラベル
通常の処理
Exit Sub
行ラベル：
エラー時の処理
```

```
On Error GoTo Err_Message
Worksheets("作業用").Copy Before:=Worksheets(1)
Exit Sub

Err_Message:
MsgBox "作業用シートはありませんでした"
```

エラーがあったら、「Err_Message」の行へジャンプ

　　作業用シートを一番左へコピー

　　プロシージャ終わり

Err_Message

　　作業用シートがなかった場合のメッセージ表示

※「Exit Sub」を記述しないと、エラーでなくても行ラベル以降のコードを実行してしまうので、必ず記述します。行ラベルは自分で付ける名前です。

※エラー時の処理の最終行に「Resume Next」と記述すると、エラーがあった次の行に戻り、処理が再開されます。

(2) プログラムを停止させない方法

```
On Error Resume Next
通常の処理
```

※エラーが発生してもプログラムを続行します。しかし、エラーが発生したのかどうか、どんなエラーだったのかは、わかりません。とりあえずエラーを回避したい場合に有効です。

114

第6章　マクロの実行とデバッグ

98　画面とメッセージの制御

(1) 画面の制御：ScreenUpdatingプロパティ

　処理に時間がかかるプロシージャでは、マクロの実行経過を画面上でちらちら表示されてしまいます。ScreenUpdatingプロパティを使うと、画面上のちらつきを抑え、実行時間も少なくすることができます。設定値がTrueになったら処理結果が表示されます。

```
Application. ScreenUpdating = False
処理
・・・
Application. ScreenUpdating = True
```

Excelの画面更新をオフにする

処理

・・・

Excelの画面更新をオンにする

(2) 確認メッセージの制御：DisplayAlertsプロパティ

　マクロ実行中に確認メッセージを表示させたくない場合は、表示させないようにすることができます。処理が終わったら、必ず元に戻します。

```
Application. DisplayAlerts = False
処理
・・・
Application. DisplayAlerts = True
```

確認メッセージをオフにする

処理

・・・

確認メッセージをオンにする

※このコードは、確認メッセージだけでなく、通知メッセージや警告メッセージも
　非表示となります。注意して使いましょう。

115

99 ほかのプロシージャを呼び出す

プログラミングでは、独立できるコードは独立させて必要なときに呼び出すようにした方が、効率もよく、修正なども楽になります。

(1) Callステートメントの構文

Call　プロシージャ名
| ```
Sub sample_99()
    Call sheetName
    Application.CommandBars.ExecuteMso "PrintPreviewAndPrint"
End Sub
Sub sheetName()
    With Range("A1")
        .Value = ActiveSheet.Name
        .Font.Underline = True
    End With
End Sub
``` |
| 【sample_99 プロシージャ】
　　「sheetName」プロシージャを呼び出す
　　アクティブシートの印刷プレビューを表示する
【sheetNameプロシージャ】
　　セルA1 に対して
　　　　値をアクティブシート名とする
　　　　下線を表示する |
| 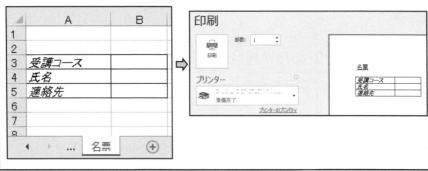 |

※sheetNameプロシージャを呼び出して、シート名をタイトルとしてA1に代入してから、印刷プレビューを表示するプログラムとなります。
```

第7章 マクロ記録の利用

100 マクロ記録の方法

マクロ記録を行うと、VBAのコードが自動で入力されます。これを利用すると、ヘルプを使わなくても記述の方法を調べることができます。はじめのうちは、1つの操作だけを記録してみると利用しやすいでしょう。

(1) マクロ記録の手順

次の手順で行います。[マクロの記録]ダイアログボックスでは、特に何もする必要はありません。必要であれば、VBEからでも変更できます。

① [開発]タブの ▢マクロの記録 をクリック(ステータスバーにある同じアイコンをクリックしてもよい)。

② 表示されたダイアログボックスは何もせずに[OK]。

③ 必要な操作を行う。

④ [開発]タブの ■記録終了 をクリックして終了する(ステータスバーにある同じアイコンをクリックしてもよい)。

(2) マクロ記録で記録されないもの

マクロ記録では、ほとんどの操作が記録されますが、ダイアログボックスを開く操作、日本語変換、Excel以外の操作などは記録されません。

第7章　マクロ記録の利用

101 マクロ記録のコード

　セルA1 を選択し、「氏名」と入力、フォントを「MS明朝」、サイズを「14」、太字にする操作をマクロ記録してみます。記録されたコードは次のようになりました。

```
Sub Macro1()
'
' Macro1 Macro
'

'
    Range("A1").Select
    ActiveCell.FormulaR1C1 = "氏名"
    ActiveCell.Characters(1, 2).PhoneticCharacters = "シメイ"
    Range("A1").Select
    With Selection.Font
        .Name = "MS 明朝"
        .Size = 11
        .Strikethrough = False
        .Superscript = False
        .Subscript = False
        .OutlineFont = False
        .Shadow = False
        .Underline = xlUnderlineStyleNone
        .ThemeColor = xlThemeColorLight1
        .TintAndShade = 0
        .ThemeFont = xlThemeFontNone
    End With
    With Selection.Font
        .Name = "MS 明朝"
        .Size = 14
        .Strikethrough = False
        .Superscript = False
        .Subscript = False
        .OutlineFont = False
        .Shadow = False
        .Underline = xlUnderlineStyleNone
        .ThemeColor = xlThemeColorLight1
        .TintAndShade = 0
        .ThemeFont = xlThemeFontNone
    End With
    Selection.Font.Bold = True
End Sub
```

　マクロ記録すると、ダイアログボックスの同じパネルの設定をも記録します。MS明朝に変更する記述は、初めのWithステートメントです。サイズを 14 にするのは、次のWithステートメントです。どちらも必要なのは 1 行だけなので、無駄が多いことがわかります。なお、入力した文字も記録されています。

◆マクロコードの入力を確認する
　マクロ記録を行うときに、VBEの画面も同時に表示しておくと、マクロ記録で操作を行うたびにコードが入力されるのが確認できます。

119

第7章 マクロ記録の利用

102 マクロ記録の修正

マクロ記録されたコードは不要なものばかりなので、p.119 で記録したコードを修正します。

修正時は、一般的に次のような点に留意するとよいでしょう。

1. 設定値がFalseまたは 0 は不要
2. 定数に「None」の表記があるものは不要
3. Select・Active・Selectionなどは前後から判断する

(1) 不要なものを削除したコード

```
Range("A1").Select
ActiveCell.FormulaR1C1 = "氏名"
With Selection.Font
    .Name = "ＭＳ 明朝"
End With
With Selection.Font
    .Size = 14
End With
Selection.Font.Bold = True
```

(2) 冗長な個所をまとめたコード（A）

```
Range("A1").Value = "氏名"
With Range("A1").Font
    .Name = "ＭＳ 明朝"
    .Size = 14
    .Bold = True
End With
```

```
With Range("A1")
    .Value = "氏名"
    .Font.Name = "ＭＳ 明朝"
    .Font.Size = 14
    .Font.Bold = True
End With
```

(3) 冗長な個所をまとめたコード（B）

```
With Range("A1")
    .Value = "氏名"
    With .Font
        .Name = "ＭＳ 明朝"
        .Size = 14
        .Bold = True
    End With
End With
```

VBAの知識があると、このように、すっきりわかりやすくてきれいなものに修正できます。

120

第 7 章　マクロ記録の利用

103 マクロ記録で調べる

　コードを調べる場合は、単純に 1 つだけの操作を行うと、楽に調べることができます。ここでは、フリガナを振る処理について調べます。さらに詳しく調べる場合は、ヘルプで確認しましょう。

（1）フリガナを振る

マクロ記録の結果	`Selection.Phonetics.Visible = True`
わかったこと	Selectionにセルを指定すればよい Phoneticsがフリガナのことらしい Visibleが表示のことらしい
利用例	`Range("A2:A10").Phonetics.Visible = True`

（2）フリガナをひらがなに変更する

| マクロ記録の結果 | ```Selection.Phonetics.CharacterType = xlHiragana
Selection.Phonetics.Alignment = xlPhoneticAlignLeft
With Selection.Phonetics.Font
    .Name = "ＭＳ Ｐゴシック"
    .FontStyle = "標準"
    .Size = 6
    .Strikethrough = False
    .Underline = xlUnderlineStyleNone
    .ColorIndex = xlAutomatic
End With``` |
|---|---|
| わかったこと | xlHiraganaがひらがなの設定らしい
ほかはフリガナに関する設定らしい |
| 利用例 | ```With Range("A2:A10").Phonetics
    .Visible = True
    .CharacterType = xlHiragana
End With``` |

※フリガナは、セルに入力した読みで判断しているので、実際とは異なることがあります。

※ほかのアプリケーションからコピーやインポートした文字列にはフリガナの情報がないので、「オブジェクト.SetPhonetic」のコードが必要となります。記述するのは、表示させる前でも後でも構いません。

121

索引

記号・数字

'	10
−	28
"	30
#	74,85
%	74
&	28
*	28
/	28
:=	18
^	28
¥	28
+	28
<	29
<=	29
<>	29
=	28,29
>	29
>=	29
0	74

A

Abs 関数 90
Activate メソッド 51,95
ActiveCell プロパティ 48
ActivePrinter プロパティ 101
ActiveSheet プロパティ 94
ActiveWorkbook プロパティ 102
AddComment メソッド 76
Add メソッド 96,102
And 演算子 29
Application オブジェクト 52,100,101,115

AutoFit メソッド 53

B

Bold プロパティ 67
Boolean 21
BorderAround メソッド 72
Borders コレクション 72

C

Call ステートメント 116
Cells プロパティ 46
Clear メソッド 57
ClearContents メソッド 57,76
ClearFormats メソッド 57
Close メソッド 106
ColorIndex プロパティ 68,73
ColumnWidth プロパティ 53
Column プロパティ 62
Columns プロパティ 47
CommandBars コレクション 101
Comment プロパティ 76
Const ステートメント 27
Copy メソッド 52,98
Count プロパティ 99
CurDir 関数 104
CurrnetRegion プロパティ 48
CutCopyMode プロパティ 52
Cut メソッド 52

D

Date 21
Date 関数 78
Day 関数 79
Debug オブジェクト 111

索引

Delete メソッド ·········· 55,100
Dim ステートメント ········ 22,24
Dir 関数 ··················103
DisplayAlerts プロパティ ······· 100,115
Do...Loop ステートメント ········· 40,41

E
End プロパティ ················49
EntireColumn プロパティ ·········48
EntireRow プロパティ ·········48
ExecuteMso メソッド ···········101
Exit ステートメント ···········43

F
Find 関数 ·················87
Fix 関数 ··················90
Font オブジェクト ········ 66,67,68
For Each...Next ステートメント ······42
For...Next ステートメント ········ 38,39
Format 関数 ············· 78,85
Formula プロパティ ···········61
FullName プロパティ ···········104

G
Goto メソッド ················114

H
Hidden プロパティ ·············58
HorizontalAlignment プロパティ ·····70
Hour 関数 ·················79

I
If...Then...Else ステートメント ·······34
If ステートメント ··········· 34,35
InputBox 関数 ··············32

Insert メソッド ···············54
InStr 関数 ················86
Integer·················21
Interior オブジェクト ··········68
Int 関数 ·················90
IsNumeric 関数·············89
Is 演算子·················29
Italic プロパティ ···········67

L
Left 関数·················81
Len 関数 ·················80
Like 演算子 ···············29
LineStyle プロパティ ········ 72,73
Long··················21
LTrim 関数 ················82

M
Mid 関数·················81
Minute 関数 ···············79
Mod 演算子················28
Month 関数················79
Move メソッド··············98
MsgBox 関数 ···············30

N
Name プロパティ ········ 63,66,97
Not 演算子 ············ 29,58,67
Now 関数·················78
NumberFormat プロパティ ········ 74,75

O
Object··················21
Offset プロパティ ·········· 49,64
On Error ステートメント ········· 103,114

123

索引

Open メソッド ⋯⋯⋯⋯⋯⋯⋯⋯⋯103
Option Explicit⋯⋯⋯⋯⋯⋯⋯⋯⋯22
Orientation プロパティ ⋯⋯⋯⋯⋯71
Or 演算子⋯⋯⋯⋯⋯⋯⋯⋯⋯⋯⋯29

P

Paste メソッド ⋯⋯⋯⋯⋯⋯⋯⋯⋯52
Path プロパティ ⋯⋯⋯⋯⋯⋯⋯⋯104
Phonetics オブジェクト ⋯⋯⋯⋯121
Print メソッド ⋯⋯⋯⋯⋯⋯⋯⋯111
PrintOut メソッド ⋯⋯⋯⋯⋯⋯101
Public ステートメント ⋯⋯⋯⋯⋯24

R

Randmize ステートメント ⋯⋯⋯91
Range オブジェクト ⋯⋯⋯⋯⋯⋯14
Range プロパティ ⋯⋯⋯⋯⋯ 46,47
Replace メソッド⋯⋯⋯⋯⋯⋯⋯83
Replace 関数 ⋯⋯⋯⋯⋯⋯⋯ 82,83
Resize プロパティ ⋯⋯⋯⋯⋯⋯65
Resume ステートメント ⋯⋯⋯114
RGB 関数⋯⋯⋯⋯⋯⋯⋯⋯⋯⋯69
RGB 値⋯⋯⋯⋯⋯⋯⋯⋯⋯⋯⋯69
Right 関数 ⋯⋯⋯⋯⋯⋯⋯⋯⋯81
Rnd 関数⋯⋯⋯⋯⋯⋯⋯⋯⋯⋯91
RowHeight プロパティ ⋯⋯⋯⋯53
Row プロパティ ⋯⋯⋯⋯⋯⋯⋯62
Rows プロパティ ⋯⋯⋯⋯⋯⋯47
RTrim 関数 ⋯⋯⋯⋯⋯⋯⋯⋯⋯82

S

Save メソッド ⋯⋯⋯⋯⋯⋯⋯105
SaveAs メソッド⋯⋯⋯⋯⋯⋯105
ScreenUpdating プロパティ ⋯⋯115

Second 関数⋯⋯⋯⋯⋯⋯⋯⋯⋯79
Select メソッド ⋯⋯⋯⋯⋯ 51,95
Select Case ステートメント ⋯⋯36
Selection プロパティ ⋯⋯⋯⋯⋯48
Set ステートメント⋯⋯⋯⋯⋯⋯26
Sheets コレクション ⋯⋯⋯⋯⋯95
ShrinkToFit プロパティ ⋯⋯⋯⋯71
Single ⋯⋯⋯⋯⋯⋯⋯⋯⋯⋯⋯21
Size プロパティ ⋯⋯⋯⋯⋯⋯⋯66
SpecialCells メソッド ⋯⋯⋯⋯50
Step キーワード ⋯⋯⋯⋯⋯⋯⋯39
StrConv 関数⋯⋯⋯⋯⋯⋯ 84,88
String⋯⋯⋯⋯⋯⋯⋯⋯⋯⋯⋯21
Sub プロシージャ ⋯⋯⋯⋯⋯⋯⋯7

T

Text プロパティ ⋯⋯⋯⋯⋯⋯⋯60
TextToColumns メソッド ⋯⋯⋯56
Then キーワード ⋯⋯⋯⋯⋯ 34,35
ThisWorkbook プロパティ ⋯⋯⋯102
Time 関数⋯⋯⋯⋯⋯⋯⋯⋯⋯⋯78
Trim 関数⋯⋯⋯⋯⋯⋯⋯⋯⋯⋯82

U

UnderLine プロパティ ⋯⋯⋯⋯67
UsedRange プロパティ ⋯⋯⋯⋯48
UseStandardHeight⋯⋯⋯⋯⋯53
UseStandardWidth⋯⋯⋯⋯⋯53

V

Val 関数⋯⋯⋯⋯⋯⋯⋯⋯⋯⋯88
Value プロパティ ⋯⋯⋯⋯⋯⋯59
Variant⋯⋯⋯⋯⋯⋯⋯⋯⋯⋯21
VBA⋯⋯⋯⋯⋯⋯⋯⋯⋯⋯⋯⋯2

索 引

vbCrLf ································ 27
VBE ······························· 2,4
VerticalAlignment プロパティ ·········· 70
Visible プロパティ ···················· 76,121

W

Weight プロパティ ···················· 73
With ステートメント ·················· 44
Workbook オブジェクト ················ 14
Workbooks コレクション ··············· 102
WorksheetFunction プロパティ ········ 92
Worksheet オブジェクト ··············· 14
Worksheets コレクション
································· 16,94,95,100
WrapText プロパティ ·················· 71

Y

Year 関数 ·························· 79

あ行

イミディエイトウィンドウ ············· 111
色番号 ··························· 68,69
印刷 ····························· 101
インデックス番号 ···················· 16
インプットボックス ···················· 32
エラー ···························· 113
エラーの回避 ·················· 103,114
演算子 ···························· 28
オブジェクト ······················ 7,14
オブジェクトの階層構造 ··············· 15
オブジェクトのコレクション ··········· 16
オブジェクト型 ······················ 21
オブジェクト変数 ················ 26,42
折り返して全体を表示 ················ 71

か行

カレントフォルダー ··················· 104
下線 ····························· 67
画面の制御 ························ 115
開発タブ ························ 3,118
確認メッセージ ················· 100,115
キーワード ························· 7
行 ······························· 47
行の削除 ·························· 55
行の挿入 ·························· 54
行の非表示 ························ 58
行高の調整 ························ 53
行番号 ···························· 62
空白セル ·························· 50
空白の削除 ························ 82
繰り返し処理 ················· 38,40,42
繰り返し変数 ························ 20
組み込み定数 ······················ 27
罫線 ··························· 72,73
コード ·························· 8,119
コードウィンドウ ···················· 4
コメント ························ 7,10
コレクション ················· 16,42,46
コンテンツの有効化 ·················· 13
コンパイル ························ 113
固有オブジェクト型 ················· 26
構文 ··························· 9,14

さ行

算術演算子 ························ 28
シートの印刷 ······················ 101
シートのコピー/移動 ················· 98
シートの削除 ······················ 100

125

索 引

シートの参照 ·············94
シートの選択 ·············94
シートの追加 ········· 96,97
シートの名前 ·············97
シート数 ·················99
自動クイックヒント ········9
自動データヒント ·········111
自動変換 ··············8,98
自動メンバー表示 ·········9
斜体 ····················67
終端セル ················49
縮小表示 ················71
書式 ····················85
小数切り捨て ············90
ステートメント ···········7
数式 ····················61
数値 ················ 74,89
数値に変換 ··············88
セキュリティ ···········3
セキュリティの警告 ·······13
セル ····················46
セルの検索 ··············87
セルのコピー・移動 ·······52
セルのコメント ··········76
セルの削除 ··············55
セルの書式をクリア ·······57
セルの選択 ··············51
セルの挿入 ··············54
セルの値 ·············· 59,60
セルの値をクリア ·········57
セルの塗りつぶし ·········68
セルのクリア ············57
セルの配置 ··············70

セル範囲に名前 ··········63
セル範囲の変更 ··········65
整数型 ··················21
宣言セクション ········ 24,27
総称オブジェクト型 ·······26
相対的に参照 ············64
外枠罫線 ················72

た行

代入演算子 ··············28
縦書き ··················71
単精度浮動小数点数型 ·····21
長整数型 ················21
データ型 ·············· 21,22
デバッグ ················113
定数 ················ 27,30,31
特殊なセル ··············50

な行

入力候補 ················9
入力支援機能 ············9

は行

パブリック変数 ··········24
バリアント型 ············21
日付 ·············· 75,78,79
日付型 ··················21
比較演算子 ··············29
ブール型 ················21
フォントサイズ ··········66
フォント名 ··············66
ブックの起動 ············13
ブックの参照 ············102
ブックの上書き保存 ·······105

索引

ブックの追加 …………………………102	マクロ有効ブック…………………………13
ブックの保存 …………………………105	無限ループ………………………………43
ブックの保存先 ………………………104	メソッド ……………………… 7,14,18
ブックを開く …………………………103	メッセージボックス……………………30
ブックを閉じる ………………………106	メンバー…………………………………16
フリガナ…………………………………121	モジュール …………………………… 6
プリンターの指定……………………101	モジュールレベル変数…………………24
ブレークポイント……………………112	文字の検索………………………………86
プロシージャ …………………………7	文字の色…………………………………68
プロシージャのコピー・移動・削除	文字種の変換……………………………84
…………………………………………12	文字列………………………56,80,81,83
プロシージャ名 ………………………7	文字列型…………………………………21
プロシージャレベル変数………………24	文字列連結演算子………………………28
プロジェクトエクスプローラー ………4	戻り値…………………………… 31,33

や行

プロパティ ………………… 7,14,17	ユーザー定義定数………………………27
プロパティウィンドウ…………………4	余白インジケータバー…………………112

ら行

太字………………………………………67	乱数の取得………………………………91
分岐処理……………………………34,36	リセット………………………………112
変数 ……………………………20,23	列…………………………………………47
変数の型…………………………………21	列の削除…………………………………55
変数の初期値……………………………25	列の挿入…………………………………54
変数の宣言……………………………22,23	列の非表示………………………………58
変数の適用範囲…………………………24	列番号……………………………………62
変数名……………………………………20	列幅の調整………………………………53
変数宣言の強制…………………………5,22	ローカルウィンドウ……………………25
	論理演算子………………………… 29,35

ま行

わ行

マクロ…………………………………… 2	ワークシート ……… 14,15,16,94,95,99
マクロの動作確認………………………11	ワークシート関数………………………92
マクロの保存……………………………13	
マクロの実行…………………108,109,110	
マクロ実行ボタン……………………108	
マクロ記録…………………………118,121	
マクロ記録の修正……………………120	

著者紹介

工藤 喜美枝（くどう きみえ）

神奈川大学経済学部特任教授.
著書：『Excel 2007 逆引きクイックリファレンス』（単著）、『逆引き
PowerPoint 2007/2003』（共著）、『速効! ポケットマニュアル Excel
2010&2007 基本ワザ&便利ワザ』（単著）、『入門! Access2010』（単著）、
『データ処理・レポート・プレゼンテーションと Office2016』（共著）
など。

2012 年　9 月 25 日　　　　初　版　第 1 刷発行
2018 年　11 月 27 日　　　　改訂版　第 1 刷発行

入門！Excel VBA クイックリファレンス［改訂版］

著　者　工藤喜美枝　©2018
発行者　橋本豪夫
発行所　ムイスリ出版株式会社

〒169-0073
東京都新宿区百人町 1-12-18
Tel.(03)3362-9241(代表)　Fax.(03)3362-9145　振替 00110-2-102907

ISBN978-4-89641-272-7　C3055